U0230644

硅基物语

AI电影大制作

人人都可以成为导演

罗金海　著

X-2140

北京大学出版社
PEKING UNIVERSITY PRESS

内 容 提 要

这是一本深入讲解 AI 电影制作前沿科技的权威指南，帮助每个人都有机会成为电影导演。本书揭示了 AI 如何革新电影产业，并通过丰富的实践案例和操作指南，帮助读者轻松掌握使用 AI 技术制作短视频和大电影的过程。书中涵盖了 AI 生成脚本、音乐、配音、图片和视频素材等内容，介绍了如何通过数字人技术生成影视演员，并展示了传统虚幻引擎与 AI 技术相结合后的强大潜力。

无论您是电影爱好者、AI 技术研究者，还是专业电影人，本书都将成为您电影创作的必备指南。

图书在版编目（CIP）数据

硅基物语. AI电影大制作：人人都可以成为导演 /
罗金海著. —— 北京：北京大学出版社，2025. 1.
ISBN 978-7-301-35799-6

Ⅰ. TP18

中国国家版本馆CIP数据核字第2025YW3077号

书　　　　名	硅基物语·AI电影大制作：人人都可以成为导演	
	GUIJI WUYU · AI DIANYING DA ZHIZUO：RENREN DOU KEYI CHENGWEI DAOYAN	
著作责任者	罗金海　著	
责 任 编 辑	王继伟　吴秀川	
标 准 书 号	ISBN 978-7-301-35799-6	
出 版 发 行	北京大学出版社	
地　　　址	北京市海淀区成府路205号　100871	
网　　　址	http://www.pup.cn　　新浪微博:@北京大学出版社	
电 子 邮 箱	编辑部 pup7@pup.cn　　总编室 zpup@pup.cn	
电　　　话	邮购部 010-62752015　发行部 010-62750672　编辑部 010-62570390	
印 刷 者	北京宏伟双华印刷有限公司	
经 销 者	新华书店	
	720毫米×1020毫米　16开本　19.25印张　354千字	
	2025年1月第1版　2025年1月第1次印刷	
印　　　数	1—4000册	
定　　　价	109.00元	

AI 时代，人人皆导演

AI 时代，人人都可以成为导演。

在这个科技飞速发展的时代，人工智能（AI）正以其强大的力量改变着我们的世界。电影，这个百年来被誉为"第七艺术"的媒体形式，也在 AI 的推动下迎来了新的纪元。传统电影制作需要庞大的团队、昂贵的设备和繁杂的流程，但今天，AI 技术赋予了每一个人成为导演的能力。从灵感迸发到影片成型，AI 帮助我们跨越了创作过程中许多烦琐的步骤，让创意的火花能够迅速绽放在银幕之上。

法国导演弗朗索瓦·特吕弗说："电影是一门使梦想成为现实的艺术。"在 AI 的辅助下，这种梦想实现的过程变得更加简单，梦想实现的机会变得更加普及。生成对抗网络（GAN）、自然语言处理（NLP）和计算机视觉等技术，已经使得图像生成、剧本创作和视频编辑变得更加便捷和智能。最前沿的 AI 工具和平台，如 DALL·E、ChatGPT、Midjourney、Stable Diffusion、Sora、Luma、可灵、Suno 和 Runway 等，为电影制作提供了前所未有的支持。

无论你是经验丰富的专业导演还是业余爱好者，只需一台电脑和相关软件，就能将天马行空的想象转化为具体的影像作品。奥逊·威尔斯曾言："电影是一列火车，它会把你带到未知的地方。"AI 正是那条崭新的轨道。

在 AI 的辅助下，电影制作不再是少数人的"特权"，而成为每个人都可以参与的创造活动。无论是虚拟演员的逼真演绎，还是复杂特效的自动生成，AI 为我们提供了无限的可能性。你可以用 AI 工具来创作故事大纲、剧本和分镜头脚本，用 AI 图像生成工具设计出炫丽的场景，用 AI 视频编辑工具剪辑出流畅的影片……每一个环节都有 AI 的身影，每一次创作都因 AI 的加持而变得更加轻松和高效。

同时，我们也必须认识到，AI 并非要取代人类的创造力，而是要激发和放大它。AI 为我们提供了新的视角和方法，让我们能够更自由、更充分地表达自我。通过 AI 的帮助，更多人可以将内心的故事和梦想变为现实，更多声音和视角可以在电影中得到呈现。

AI 不仅是工具，更是人类创造力的解放者。它减少了技术上的障碍，让创作者能够专注于构思和创意的表达。AI 让更多人有机会去追寻史蒂文·斯皮尔伯格所说的——"电影是我一生的热情和梦想，它让我看见了另一种世界。"一千个人就有一千个可能的世界，AI 技术与工具使之成为可能。

斯坦利·库布里克曾说："如果它可以写下来，或者想象出来，它就可以拍出来。"在这个 AI 时代，每个人都是潜在的导演，每个故事都可以被讲述。AI 的力量让电影创作更加平民化、个性化和去中心化。AI 在电影方面带来的技术平权，为我们提供了前所未有的创作自由，让我们能够突破传统限制，探索电影艺术的新疆界。电影不再是少数人的专利，而是每个人都可以参与的普及艺术。让我们拥抱这个充满可能的新时代，利用 AI 的力量，我们每个人都能成为自己故事的导演，创造出属于我们这个时代的影像杰作。

扫描下方的二维码，即可观赏一部精彩的 AI 电影，率先感受这种新兴艺术形式的无限可能。

扫码查看《2140·碳硅圣杯》AI电影

CONTENTS

01

第 1 章　AI电影新时代

1.1　什么是AI电影　/002
　　1.1.1　AI电影的现状　/002
　　1.1.2　AI技术在各领域的影响　/002
　　1.1.3　对AI电影的恐惧与误解　/003
　　1.1.4　AI电影与传统电影的比较　/003
　　1.1.5　AI技术的发展状况　/003
　　1.1.6　AI电影的定义　/004
　　1.1.7　第一代AI电影人的崛起　/004
1.2　传统电影制作中的数字技术应用　/005
1.3　AI时代的电影十大革命　/009
1.4　AI电影制作流程　/011
　　1.4.1　剧本创作　/012
　　1.4.2　图像设计　/012
　　1.4.3　音频构建　/013
　　1.4.4　视频生成　/013
　　1.4.5　后期制作　/013
　　1.4.6　市场推广与观众互动　/014

02

剧本创作　第 2 章

2.1　什么是AI剧本创作　/016
　　2.1.1　AI在剧本创作中的作用　/016
　　2.1.2　AI剧本创作的发展历程　/016

2.2 AI在剧本创作中的使用 / 017

    2.2.1 剧本的创作流程 / 017

    2.2.2 如何使用AI创作剧本 / 018

2.3 AI剧本创作的工作流程 / 021

2.4 AI剧本创作的五项原则 / 026

    2.4.1 人机协作原则 / 026

    2.4.2 人为主体，AI协助 / 026

    2.4.3 原创性保护原则 / 027

    2.4.4 伦理与文化敏感性原则 / 027

    2.4.5 工作流机制原则 / 027

2.5 AI辅助分镜本制作 / 028

    2.5.1 分镜本的基本概念 / 028

    2.5.2 传统分镜本制作流程 / 032

    2.5.3 AI在分镜本制作中的应用 / 034

    2.5.4 AI辅助分镜本制作案例 / 035

2.6 AI剧本创作样板《2140·图灵梦境》 / 041

    2.6.1 确定主题与核心概念 / 042

    2.6.2 设计人物与背景 / 044

    2.6.3 搭建剧情框架 / 046

    2.6.4 技术背景设定 / 047

    2.6.5 编写对话和互动 / 049

    2.6.6 润色与完善 / 050

2.7 AI离不开"人"的创造力和想象力 / 052

    2.7.1 人和AI在创造力与想象力方面的深层次差异 / 052

    2.7.2 AI在剧本创作中缺乏顶层设计能力 / 052

    2.7.3 人类心理的深度、直觉和潜意识 / 053

    2.7.4 人的想象力和创造力在剧本创作中的作用 / 053

    2.7.5 AI想象力和创造力的缺陷机理 / 054

第 3 章 图像生成

3.1 画面是电影的基本颗粒 / 056

    3.1.1 每一帧都是一个画面 / 056

    3.1.2 画面是视觉叙事的核心 / 056

3.2 AI生成电影画面 / 057

3.3 Midjourney生成电影素材　/059

　　提示词的运用　/059

3.4 进入SD的无限世界　/073

　　3.4.1 软件页面介绍　/073

　　3.4.2 文生图　/076

　　3.4.3 图生图　/081

　　3.4.4 局部重绘　/082

3.5 自然语言算法绘图　/084

　　3.5.1 提示词设计　/084

　　3.5.2 基础生成指令　/086

　　3.5.3 进阶指令技巧　/087

　　3.5.4 图片添加文字　/089

3.6 AI电影中的画面设计　/090

　　3.6.1 角色设计　/090

　　3.6.2 场景深度构建　/091

3.7 实例分析：《2140·丝绸之路》的画面构建　/094

　　3.7.1 故事梗概　/095

　　3.7.2 构建《2140·丝绸之路》的画面　/095

声音模拟 第 4 章

4.1 听一听卓别林的声音　/107

4.2 AI世界中的角色配音　/108

　　4.2.1 传统电影中的人声类型　/108

　　4.2.2 AI声音合成技术　/109

4.3 音效设计与声场模拟　/117

　　4.3.1 AI音效生成工具　/118

　　4.3.2 声场模拟　/121

4.4 AI电影中的音质优化　/126

　　4.4.1 Premiere Pro（PR）　/126

　　4.4.2 Adobe Audition（AU）　/128

　　4.4.3 剪映　/129

　　4.4.4 Podcast AI　/130

4.5 AI声音实例：《索尔维会议》　/131

第 5 章　音乐编排

5.1　音乐在电影中的角色　/138

    5.1.1　无声电影时期的音乐　/138

    5.1.2　有声电影的崛起　/138

    5.1.3　现代电影音乐的发展　/139

    5.1.4　音乐在电影中的作用　/140

5.2　AI作曲与配乐　/140

5.3　一键生成电影级灵魂音乐　/143

    5.3.1　电影配乐　/143

    5.3.2　电影配乐的类型　/143

    5.3.3　如何使用 AI 工具制作电影配乐　/144

5.4　AI音乐实例生成：《碳硅圣杯》原声OST　/152

    5.4.1　故事情节梗概　/153

    5.4.2　音乐创作过程　/157

镜头生成　第 6 章

6.1　每个大人物都是你的演员　/165

6.2　人物与角色的口型同步　/166

    6.2.1　Heygen　/167

    6.2.2　Pika　/170

6.3　镜头场景的生成技巧　/173

    6.3.1　Runway　/173

    6.3.2　可灵　/176

    6.3.3　Sora　/177

6.4　AI生成视频特效　/180

6.5　实例场景分析　/182

    6.5.1　素材准备　/182

    6.5.2　动态驱动　/183

6.6　镜头生成在AI电影制作中的意义　/186

第 7 章 影片剪辑

7.1 AI在视频剪辑中的应用 / 189

    7.1.1 AI驱动的视觉内容生成 / 189

    7.1.2 智能剪辑和镜头选择 / 189

    7.1.3 智能字幕匹配 / 189

    7.1.4 AI驱动的音频处理和音乐创作 / 190

    7.1.5 视频增强和风格转换 / 190

    7.1.6 视频智能化修复 / 190

    7.1.7 多语言本地化 / 190

7.2 AI辅助的粗剪 / 191

7.3 AI电影中的精细剪辑 / 191

    7.3.1 声音的剪辑 / 191

    7.3.2 精细剪辑的技巧 / 194

    7.3.3 剪辑的完整感与统一 / 195

    7.3.4 AI电影中的视频增强 / 196

7.4 从素材到成片——AI电影实例：《2140·图灵梦境》 / 199

第 8 章 AI电影工作流

8.1 AI电影工作流的起源 / 210

8.2 AI时代的电影/视频工作流 / 212

    8.2.1 一站式工作流 / 212

    8.2.2 模板式工作流 / 216

    8.2.3 节点式工作流 / 219

    8.2.4 AI工作流的未来 / 220

第 9 章 AI与传统技术的结合

9.1 AI与三维技术的融合 / 222

9.2 AI与三维技术融合实例:《2140·丝绸之路》 /222

    9.2.1 AI辅助建模 /223

    9.2.2 AI驱动材质 /224

    9.2.3 动画渲染 /226

9.3 数字人在AI电影中的作用 /229

9.4 虚幻引擎在AI电影中的应用 /229

9.5 三维流程应用:虚幻引擎 /232

9.6 PS与AI的创意碰撞 /246

    9.6.1 PS文字图层应用 /246

    9.6.2 PS优化AI画面 /254

9.7 实例分析:虚幻引擎与AI的协同创作 /265

    9.7.1 创建MetaHuman /266

    9.7.2 动作导入 /268

    9.7.3 影片序列 /276

10

AI电影的未来与挑战 第10章

10.1 AI电影创作的未来趋势 /287

    10.1.1 智能剧本创作 /287

    10.1.2 电影的一键生成 /287

    10.1.3 AI生成和程序控制的结合 /288

    10.1.4 在游戏化中创作AI电影 /288

    10.1.5 互动式创作分布式电影 /288

    10.1.6 合作完成中心化电影 /288

    10.1.7 虚拟演员与数字角色 /289

    10.1.8 人作为最终的控制者 /289

10.2 AI电影的技术挑战与伦理问题 /290

    10.2.1 技术上的挑战 /290

    10.2.2 伦理问题 /292

10.3 AI电影的商业前景 /293

10.4 AI电影:技术平权与人的解放 /295

附录 /297

AI 电影新时代

1.1 什么是AI电影

》1.1.1《 AI电影的现状

AI 电影，即在制作过程中大量采用 AI 技术的电影，提起它往往让人心生警觉与抵触。自 ChatGPT 面世，尤其是自 2023 年技术与资本大举进入 AI 领域起，生成式 AI 的发展势如破竹。目前，AI 产品已实实在在影响到大众的日常生活。

》1.1.2《 AI技术在各领域的影响

1. 网文领域的变革

在网文领域，例如番茄网文平台利用站内作品训练出的 AI 写手，其作品质量在短期内突飞猛进，已超越了许多新手作者的水准，并引起了站内外网文写手的广泛关注与抗议。

2. AI 绘画的突破

在绘画领域，如 Midjourney 和 DALL·E 等 AI 绘画工具，能够根据用户的描述生成高质量的图像。这些工具不仅在艺术创作中扮演着重要角色，也被广泛应用于广告设计、游戏开发等领域。

3. AI 声音和配乐的革新

在声音领域，AI 配音和 AI 音乐创作技术也取得了显著进展。例如，AI 可以模仿人类声音进行配音，甚至创作出与真人演唱无异的音乐作品。这些技术在影视制作、游戏配音、音乐创作等方面展现出了巨大潜力。

》1.1.3《 对AI电影的恐惧与误解

1. 从业者与受众的担忧

AI 技术与相关工具在电影行业的广泛应用激发了人们对 AI 的固有恐惧：相关从业者害怕 AI 取代他们的工作岗位，导致失业漂泊；普通受众则忧心生活将彻底赛博化——吃"合成肉"、听 AI 音乐、看 AI 作品，工作与休闲活动的产出全部转为数据流"喂"给 AI。

2. 卢德运动的历史借鉴

抵制 AI，相似而更为激烈的场景出现在 200 年前的英国。19 世纪初，纺织机的大规模应用已使手工工人的生活水平降至谷底，而拿破仑战争的爆发更使其雪上加霜。于是自 1811 年起，英国多个郡接连爆发损毁纺织机与打谷机的骚乱，这些行动后来被称为"卢德运动"。然而，历史表明，技术的浪潮是不可阻挡的，面对这种不可逆转的趋势，我们应当学会适应而非抵抗。

》1.1.4《 AI电影与传统电影的比较

在这些图景里，AI 与纺织机都被视为提高生产效率的工具，但通过它们生产的东西被认为是质量平庸的可复制品，缺乏人类的"灵性"，没有真正的价值。AI 电影似乎也不例外，它们主要由 AI 作制，最终呈现的作品往往品质平平，甚至可能引发"劣币驱逐良币"的风险。AI 电影的最大作用，似乎只是降低了电影制作的门槛，让对电影艺术知之甚少的外行人也能轻易制作出属于自己的作品。

但事实并非如此。要了解 AI 电影是什么，首先要厘清与电影结合的 AI 技术的发展状况。

》1.1.5《 AI技术的发展状况

1. Transformer 架构的基础

目前，人工智能软件系统的基础大多是 Transformer 架构，其技术底层仍处于自动化阶段。加州大学伯克利分校的学者斯图尔特·罗素直言："过去的人工智能是现在的自动化，现在的人工智能是未来的自动化。"也就是说，AI 在生产活动中的角色依然是辅助性的工具，承担一些可重复的工作。

2. AI产品的"人"性状态

然而，与旧有技术相比，AI产品更趋于"人"的状态。它们的水准并非恒定，而是随着与人的交互而起伏。例如，当对语言大模型提问时，它可能会先敷衍提问者，直到提问者追问并质疑语言大模型回答的有效性时，它才会给出详细严谨的回答。

3. 人机交互的特点

这种人机交互的生态特点在大多数生成式AI产品中很常见。如果需要AI非常精确地回应复杂的需求，而不是泛泛而谈，那么在预训练阶段需要人工打标；在反馈调试阶段需要反复进行交互；在使用阶段也需要有效选择。这些软件都有一个共同特点，面对高水平使用者，AI的潜力才会被挖掘出来。

》1.1.6《 AI电影的定义

AI电影是指以人为主体，以AI技术为辅助，以人机协同为依托而产出的电影。

也就是说，AI产品并非流水线产品，即使运用同一AI工具，不同水准的人也会得到不同水准的作品。"AI电影"这一名称可能会误导我们，让我们以为电影主要由AI完成，但实际上最为重要的是人机协同。如果说AI工具是一个多层的地下宝藏，那么使用者身上的钥匙数量便决定了他能得到多少财物。

》1.1.7《 第一代AI电影人的崛起

如果说以前只是传统导演使用AI技术来协助电影制作的话，那么现在AI技术的进步已经使得普通人也能够直接制作电影。AI技术的发展使得电影制作门槛大大降低，任何对电影充满热情的人，即使缺乏专业技能，也可以通过AI技术实现自己的电影梦。

现在，引入AI技术，会让电影在剧本、声音、音乐、剪辑等制作方面呈现出焕然一新的面貌。我们正处于一个全新的时代——第一代AI电影人正在崛起。这一代人不仅是技术的受益者，更是电影艺术新的探索者和开拓者。

传统电影制作中的数字技术应用

在 AI 电影出现之前，数字技术已经广泛应用于传统电影制作中。这些技术不仅提升了影片的视觉效果，也扩展了电影制作的创意边界。通过各种数字技术，电影制作人能够创造出更加逼真和震撼的视觉体验。

1. 数字特效（CGI）

CGI，全称为 Computer-Generated Imagery，即计算机生成图像。CGI 是使用计算机技术创建、修改和组合视觉效果，以生成逼真的图像或动画，这些图像和动画在传统的拍摄环境中是无法或难以实现的。CGI 在现代电影、电视、广告、视频游戏等领域均有广泛应用。

制作流程

① 创建虚拟图像：通过计算机软件创建完全虚拟的三维图像，包括角色、环境、物体等。这些图像看起来非常真实，仿佛它们存在于现实世界中。

② 合成图像：将计算机生成的图像与真实拍摄的图像进行无缝结合，创建出完整的视觉效果。例如，将虚拟角色放入实际拍摄的场景中，或者在真实背景中添加虚拟元素。

③ 动画制作：通过计算机软件为虚拟角色和物体添加运动效果，使它们看起来像是活生生的。动画可以包括角色的动作、面部表情、物体的移动等。

应用实例

① 虚拟角色：在《猩球崛起》系列电影中，猿类的外观通过 CGI 实现。例如，安迪·瑟金斯（Andy Serkis）通过动态捕捉技术扮演凯撒（Caesar）。这种技术捕捉演员的面部表情和身体动作，将这些数据应用到 CGI 角色上，使得角色表现出非常真实的情感和动作。

② **场景创建与合成**：许多电影使用 CGI 创建复杂的虚拟环境，如森林、废墟和战斗场景。制作团队使用绿幕或蓝幕技术，让演员在绿色或蓝色背景前表演，然后在后期制作中，用计算机将背景替换为虚拟场景。这种技术允许电影制作人在一定程度上摆脱现实世界物理环境的限制，创造出令人惊叹的视觉效果。

2. 数字合成（Digital Compositing）

在经典电影《泰坦尼克号》中，有许多场景需要展示泰坦尼克号豪华巨轮的全貌，但实际搭建这样一艘船几乎是不可能的。

于是电影制作团队使用了数字合成技术，将实际拍摄的部分船只模型与计算机生成的船只图像结合起来。他们还将实际拍摄的演员与计算机生成的背景合成在一起，创造出逼真的场景。

3. 数字修复（Digital Restoration）

随着时间的推移，电影胶片会逐渐老化和损坏，为了让经典电影重现光彩，电影公司需要对旧电影进行修复。

数字修复技术允许电影制片人将老旧的电影胶片数字化，并使用计算机软件修复其中的划痕、污渍和其他缺陷。还可以调整颜色和亮度，使得电影画面更加清晰和生动。

数字修复技术使得《星球大战》正传三部曲在重新上映时，能够以高清晰度和更好的画质呈现给观众，保留了经典影片的原汁原味。

4. 动作捕捉（Motion Capture）

动作捕捉技术通过捕捉演员的身体动作并将其应用到虚拟角色上，实现高度逼真的动作效果。这项技术在动画电影和特效电影中得到广泛应用。

应用实例

《阿凡达》系列电影中，詹姆斯·卡梅隆使用动作捕捉技术创造了潘多拉星球上的纳美人角色，通过捕捉演员的动作和表情，使虚拟角色的表现更加真实和生动。

5. 虚拟现实（Virtual Reality）

虚拟现实技术通过创建沉浸式的虚拟环境，让观众感受到身临其境的效果。这项技术在电影制作和观影过程中都有应用，提供了全新的互动方式。

应用实例

《头号玩家》使用虚拟现实技术，创建了一个高度沉浸的虚拟游戏世界，让观众在观影时仿佛置身于电影情节之中。

人人都可以成为导演　硅基物语·AI电影大制作

6. 增强现实（Augmented Reality）

增强现实技术通过将虚拟元素叠加在现实世界的图像上，创造出增强的视觉效果。这项技术如今在电影宣传和观影体验中逐渐受到重视。

应用实例

电影《神奇动物在哪里》在宣传期间使用增强现实技术，让观众通过移动设备体验电影中的神奇动物与现实世界的互动。

这些数字技术在传统电影制作中的应用，不仅提升了影片的视觉效果，也扩展了电影制作的创意边界。无论是通过 CGI 创造出无法在现实中存在的生物，还是通过绿幕技术将演员置于幻想世界，这些技术都使得电影变得更加丰富多彩。

1.3　AI时代的电影十大革命

2024 年 2 月，人工智能公司 OpenAI 发布了由文生视频模型 Sora 生成的一分钟高质量视频，展示了其出色的真实世界模拟能力。虽然视频中的人物在运动时仍有瑕疵，技术仍需完善，但毋庸置疑，2024年12月正式上线的Sora模型，预示着这项技术将在未来掀起一场电影制作革命。

在传统电影制作流程中，几乎必不可少的步骤包括概念构思、剧本创作、拍摄筹备以及后期制作等。这不仅导致电影制作周期长、回报周期长，还带来了高昂的人力成本。然而在AI时代，电影制作发生了显著的革命性变化，具体如下。

1. 创作门槛大幅降低

AI技术的普及使电影制作不再是少数专业人士的专利。任何人只要拥有创意和热情，即可利用AI工具实现自己的电影梦。这极大地降低了创作门槛，让更多普通人能够参与到电影制作中来。

2. 生产效率大幅提高

AI能够快速完成许多传统上需要耗费大量时间和人力的任务，如剧本创作、剪辑、动画制作等。这大大提高了电影制作的效率，使创作者可以在更短的时间内完成高质量的作品。

3. 视觉效果显著增强

AI技术能够生成逼真的视觉效果和动画，超越传统拍摄技术的限制。无论是创建虚拟角色、复杂的场景，还是实现高度精确的特效，AI都能带来前所未有的视觉震撼。

4. 创作体验极富个性化

AI可以根据创作者的需求和反馈进行调整，提供个性化的创作支持。这种人机互动使得电影制作过程更加灵活和富有创意，创作者可以不断调整和完善自己的作品。

5. 成本有效控制

AI技术能够在一定程度上降低电影制作的成本。通过自动化处理和高效的工作流程，许多昂贵的制作环节可以被简化或替代，这使得小成本电影也能具备高质量的视觉效果和制作水平。

6. 创意边界大幅拓展

AI技术的引入为电影创作带来了无限的可能性。创作者可以探索和尝试各种新的叙事方式、视觉风格和技术手段，打破传统电影制作的限制，创造出更加多样化和创新的作品。

7. 生产关系革新

AI 的应用改变了创作者的角色，从某种意义上来说，创作者不再单纯是碳基人类，而是善于驾驭 AI 的碳硅综合体。这样的转变引发了创意产业的巨大变化，如 2023 年美国编剧协会的大罢工，反映了 AI 对人类创意工作的深刻影响。

8. 电影美学核心概念提升

AI 技术简化了许多制作环节，对创作者而言，电影美学的核心概念变得更加重要。AI 主要作为辅助工具，创作者必须保持独立性和原创性，确保作品的艺术价值。

9. 思维方式变革

AI 技术突破了传统的拍摄和创作思维。在 2019 年重制版《狮子王》中，导演乔恩·费儒采用虚拟现实（VR）和实时游戏引擎动画进行拍摄，使用 Unity 创建实时模拟环境，实现了精确而灵活的虚拟拍摄。这种创新拍摄方式是 AI 带来思维变革的典型例子。

10. 数据驱动创作决策

AI 技术能够分析大量数据，包括观众的偏好、市场趋势、影片的反馈等，为创作者提供有价值的洞察。这使得创作者在剧本选择、市场定位和观众互动方面能够做出更加明智和精准的决策，从而提升电影的成功率和市场影响力。

1.4　AI电影制作流程

AI 电影制作流程虽然与传统电影制作流程有一些相似之处，但也发生了显著变化。以下是 AI 电影制作的 6 个关键环节。

》1.4.1《 剧本创作

剧本是电影的基础，它决定了故事的走向和情节的发展。其相关 AI 应用如下。

• **剧本创建与创意细化**：通过 ChatGPT、Claude 等智能写作工具，AI 不仅可以帮助创作者创建故事和剧本，还可以帮助编剧细化已有的创意，如改进对话、增加情节的连贯性或增强角色的动机描述等。

• **细节完善**：AI 可以根据编剧的初始创意提供具体的建议和选项，例如场景设置、角色特性或情节转折，从而帮助编剧更深入地发展剧本。

》1.4.2《 图像设计

创建电影中的视觉元素，包括场景和角色的设计。其相关 AI 应用如下。

• **场景生成**：通过 Midjourney、Stable Diffusion 等 AI 绘画算法，根据指令词生成超精细的场景和人物素材。

• **角色设计**：设计出风格迥异的人物形象，从现实主义到超现实主义，各种风格的场景概念图都可快速生成。

• **视觉优化**：整合各工具的优势，制作电影海报和优化视觉效果。

»1.4.3« 音频构建

为电影提供声音元素，包括人物配音和整体配乐。其相关 AI 应用如下。

- **人物配音**：使用 AI 音频软件克隆声音或在声音库中选择匹配的人声素材。
- **整体配乐**：AI 编曲技术可以创作出多样化的音乐风格，适应不同的场景和情感需求。
- **歌词创作**：使用 Suno 等 AI 软件，可以根据歌词创作原声音乐，为电影赋予独特的音乐表达方式。

»1.4.4« 视频生成

将前期制作的图像和音频素材整合生成动态视频。其相关 AI 应用如下。

- **图像动画化**：使用 Runway、HeyGen 等 AI 工具，为静态图片赋予动态效果和逼真的面部表情。
- **实时渲染**：利用 Sora、Luma 等工具动态渲染场景，提升场景的真实感和视觉冲击力。

»1.4.5« 后期制作

对生成的素材进行编辑和优化，使其具备电影质感。其相关 AI 应用如下。

- **剪辑与合成**：使用 PR 等剪辑工具，对内容进行编辑、调色、抠图和合成。
- **音效处理**：为声音添加音效音色，确保对话、背景音乐和声效与画面完美匹配。
- **自动化处理**：使用算法驱动的自动剪辑、匹配字幕和特效处理等功能，简化了制作流程。

»1.4.6« 市场推广与观众互动

推广电影并与观众互动，增加电影的曝光率和影响力。其相关 AI 应用如下。
- **数据分析**：AI 可以分析观众数据，了解观众偏好，制定精准的市场推广策略。
- **互动体验**：通过 AI 技术创建互动式预告片或虚拟现实体验，增强观众的参与感。

在 AI 时代，电影制作流程发生了革命性的变化，通过智能工具的应用，创作者可以在更短的时间内，以更低的成本完成高质量的作品。每个有创作激情的人都可以利用 AI 技术，实现自己的电影梦想。在这个崭新的电影创作纪元，我们期待会有越来越多的人能够深刻理解并运用美学规律，创作出更具创意和表现力的电影作品。

Chapter
02
第2章

剧本创作

②.1 什么是AI剧本创作

AI 剧本创作是指运用人工智能技术，特别是先进的大语言模型，来辅助或全自动地完成电影、电视、戏剧等多种剧本创作形式的过程。通过算法和大数据分析，AI 模拟人类编剧的思维与创作过程，生成完整剧本。AI 不仅能够辅助编剧快速生成创意和初稿，还能通过分析观众偏好，提供个性化的剧本创作解决方案。

》2.1.1《 AI在剧本创作中的作用

① **生成剧本**：AI 可以根据给定的主题、情节大纲或特定的风格生成完整的剧本。

② **辅助创作**：AI 可以作为创作工具，为编剧在创作过程中提供灵感或建议。根据编剧输入的部分文本，AI 自动生成接下来的内容或提供多种情节发展方向供编剧选择。

③ **文本改进**：AI 可以对已有的剧本进行改进，提供语法检查、风格调整或情节优化等建议，从而提高剧本的整体质量。

④ **创意碰撞**：AI 可以与编剧进行互动，通过对话的方式激发编剧的创意。编剧可以与 AI 讨论剧情、角色设定、对白等，AI 可以根据这些讨论生成相应内容。

⑤ **多语言支持**：AI 可以帮助对剧本进行多语言翻译和本地化，使得剧本在不同文化和语言背景下更具吸引力。

》2.1.2《 AI剧本创作的发展历程

AI 剧本创作的发展历程可追溯到计算机科学和人工智能技术发展初期。从简单的文本生成器到复杂的深度学习模型，AI 在处理自然语言和生成创意文本方面取得了显著进展。以下是 AI 剧本创作的发展关键节点。

① **早期实验**：20 世纪 90 年代，一些计算机科学家开始尝试利用简单的算法生成文本。然而，这些早期的尝试往往只能生成简单且重复的句子，难以形成完整的剧本。

② 机器学习的引入：随着机器学习技术的进步，尤其是深度学习和循环神经网络（RNN）的发展，AI 在文本生成方面的能力得到了大幅提升。像 GPT（生成预训练转换模型）这样的模型可以生成连贯且复杂的文本，为 AI 剧本创作奠定了基础。

③ NLP（神经语言程序）的进化：自然语言处理技术的发展，使得 AI 能够更好地理解和生成自然语言。通过语义分析、情感分析和上下文理解，AI 可以生成更具人性化和创意性的剧本。

 # 2.2　AI在剧本创作中的使用

影视创作是指艺术实现其完整性的全过程，包括前期策划、剧本撰写、现场拍摄、后期剪辑、发行、洗印等环节。剧本创作作为核心环节，直接影响艺术作品的质量，并决定其结构风格、艺术表现和剧情走向。编剧需要从大量资料中汲取灵感，确保思路清晰，使剧本情节丰富且逻辑性强。人工智能的出现加速了创作进程，为编剧提供了新的创意空间，使他们能够在保持个人风格的同时，通过科技提升剧本创作水平与创作效率。

》2.2.1《 剧本的创作流程

剧本创作大致可以总结为以下几个阶段。

第一阶段——创意阶段

这个阶段标志着剧本创作的起点。创作者可能因为一个触动心灵的瞬间、一个鲜活的人物形象，或是某一事件的启发，迸发出了强烈的创作灵感和冲动，剧本的创作之旅就开始了。

第二阶段——提纲阶段

创意是剧本的出发点，编剧需要从这个出发点开始延伸，向前、向后延展出一个故事。在构建故事时，编剧应该利用起承转合几个阶段逐步丰满这个故事，形成一个简单的故事雏形，这个雏形也就是故事的提纲。故事提纲清晰地表达出故事的主题以及发展脉络。

第三阶段——完善具体桥段

如果说提纲是剧本的骨骼，那么这一步就是让剧本变得有血有肉。根据提纲扩展完善故事情节，结合空间叙事理论，利用语境、人物塑造和故事情节构建一个完整的影视故事空间，使观众能够在这一空间内感受故事发展并产生情感共鸣。

第四阶段——丰富细节

细节就是在桥段上增砖添瓦。细节体现在剧本的台词、动作、场景，甚至是配乐和剪辑呈现中。其中的配乐和剪辑主要是导演和剪辑人员的工作，但在剧本创作阶段，如果编剧有想法也可以备注在剧本之中，提供给导演和剪辑人员参考。

第五阶段——通读修改

通过以上几个步骤之后剧本初步成型，此时作者会通读剧本，也会找到剧本医生、制片人、导演、投资人或其他编剧阅读剧本并征求修改意见。此时的剧本通常篇幅长，趣味性和娱乐性低，难以得到观众的反馈，因此往往需要通过专业人士来分析揣摩观众的喜好。

》2.2.2《 如何使用AI创作剧本

2020 年，美国查普曼大学的学生利用 GPT-3 创作了剧本，并制作了短片《律师》。随着自然语言处理技术的飞速发展，特别是大语言模型的出现，AI 已经逐步具备了编剧的基本素养。

1. AI 交互方式

语言模型的交互方式多种多样，下面简单介绍几种。

① 对话形式：通过对话形式进行互动是最直接的方式。用户可以提出各种问题，语言模型将根据其知识和训练数据提供相应的回答。

> Q：什么是剧本？
>
> AI：剧本是一种书面文本，专门用于指导电影、电视剧、戏剧、广播剧等表演艺术作品的创作和制作。它详细描述了故事的情节、对白、动作、场景、角色。

② 内容生成：用户可以请求语言模型生成特定内容，如文章、故事、代码、诗歌等。

人人都可以成为导演

硅基物语·AI 电影大制作

Q: 帮我写一篇关于AI创作剧本的文章。

AI: AI创作剧本：影视与戏剧创作的新篇章

近年来，人工智能 (AI) 技术迅猛发展，正在深刻改变各个行业的面貌。影视与戏剧创作也不例外，AI 创作剧本逐渐成为一个重要的新兴领域。通过结合自然语言处理、机器学习和生成模型，AI 在剧本创作中展现出巨大的潜力，正在革新传统的创作方式……

③ **翻译和语言处理：**用户可以请求语言模型进行翻译、语法纠正、文本总结等任务。

Q: 请把这段中文翻译成英文："AI剧本的创作方法。"

AI: Methods of AI Script Writing.

④ **对话式应用程序：**将语言模型集成到对话式应用程序中，如聊天机器人、虚拟助手等，用于客户服务、教育、娱乐等领域。

Q: 请帮我找一些AI创作的剧本的案例。

AI: 以下是一些由AI创作或协作创作的剧本案例：

1. "Sunspring"
   - 简介：由 AI 程序 Benjamin（基于 GPT-2）创作的科幻短片剧本，由 Oscar Sharp 导演创作。
2. "Jetson"
   - 简介：由 GPT-3 生成的短剧本，通过 YouTube 频道 Calamity AI 发起。
3. "Zone Out"
   - 简介：由 GPT-3 生成的短片剧本，Calamity AI 和 Giles Duley 合作。

通过这些交互方式，AI 不仅能够回答用户的问题，还能生成各种形式的内容，进行语言处理，并将其应用于对话式系统中。在剧本创作方面，AI 展示了巨大的潜力和应用价值。接下来就让我们看看如何利用 AI 创作剧本。

2. 确定剧本的主题和类型

明确你想要创作的剧本类型和主题，例如，科幻、浪漫、悬疑、喜剧、动作或恐怖等，具体主题可以是时间旅行、爱情故事、犯罪调查或冒险探索等。明确的方向有助于 AI 生成符合你期望的内容。

3. 创作前的设定

① 选择合适的 AI 工具。

选择一个适合剧本创作的 AI 工具。合适的 AI 工具能够生成创意、对话、情节，并提供写作建议，根据具体需求选择合适的创作平台。

② 定义身份。

为 AI 定义一个编剧的身份。

Q： 现在请你扮演一个科幻编剧。

　　教育经历：毕业于中央戏剧学院戏剧文学系，主修戏剧影视文学专业，喜欢数学，热爱
　　　　　　　科幻。

AI： 好的，作为一名毕业于中央戏剧学院戏剧文学系的科幻编剧，我热爱数学和科幻，乐于
　　将这两者结合在我的创作中。

　　科幻的魅力：

　　科幻对我来说不仅是对未来科技的描绘，更是一种通过科技探讨人类社会和伦理问题的
　　途径。数学则提供了一种逻辑和美感，使科幻故事更具深度和结构。

　　简短剧本设想：

　　在不远的未来，地球已经被人工智能所统治。我们的主角——李明，是一位天才数学
　　家，专注于研究人工智能的伦理问题。有一天，他意外发现了一种新算法，可以赋予人
　　工智能自我意识。这一发现引发了巨大争议。反派 Dr. 赵坚信，全面依赖人工智能是解
　　决人类所有问题的关键。李明在寻找答案的过程中，得到了女主角小雅的支持。小雅是
　　一名社会学家，研究科技对人类心理和社会结构的影响。他们在一系列危机和冲突中，
　　试图找到科技与人性之间的平衡。

---

③ 明确提示词。

Prompt 提示词的框架由三个主要元素组成：

任务——对 AI 要完成的目标进行清晰而简洁的陈述。

指令——AI 应遵循的指令。

角色——AI 应扮演的角色。

所有的提示词都可以参照这个结构来写。

2.3 AI剧本创作的工作流程

编剧写剧本的思路与我们驱动 AI 写剧本的思路相似。现在，我们可以明确需要七个部分的提示词来引导 AI 写作，分别对应剧本的主题背景、剧情梗概、角色设定、剧情大纲、开头章节、逐章完稿和审核修订。

1. 主题背景

首先是初步设定剧本的主题和背景。主题可以选择一个宽泛的主题，让 AI 有更多的自由来提出新的想法。提示词的目标是写清楚这个故事的背景信息和主题。通常让 AI 先简单写 300 字就可以了，关键是最后这句："确保主题具有吸引力和独特性。"

> Q: 设定一个人与AI斗争的电影剧本背景和主题，故事发生在未来的深圳和香港，此时人类和AI有一个世界级的竞技比赛，人类已经有八年没有战胜AI了，但这次人类突然出现了一个天才要战胜AI。剧本主题就叫《碳硅圣杯》，提供300字以内的描述，让这个主题具有吸引力和独特性。
>
> AI: 剧本背景与主题：
>
> 《碳硅圣杯》将故事设定在未来的深圳和香港，这两座城市已成为全球科技与创新的中心。每年一度的世界级竞技比赛成为人类和 AI 对决的最高舞台。然而，过去八年里，AI 以其超凡的计算能力和无尽的数据资源，连续战胜了所有人类选手。这场比赛不仅是科技的对抗，更象征着人类智慧与机器智能之间的较量。
>
> 今年，比赛迎来了一个意想不到的转折——一位年轻的天才墨菲，横空出世。墨菲拥有卓越的数学天赋和创新思维，被誉为人类最后的希望。在他的背后，是一群致力于研究人类潜能的科学家团队。他们相信，墨菲的智慧和人类独有的创造力，能够打破 AI 的统治。
>
> 《碳硅圣杯》不仅是一场紧张刺激的竞技比赛，更是一场关于人性、智慧与科技的深刻探讨。通过墨菲的奋斗和挑战，影片展现了人类面对科技压迫时的不屈精神和无限潜能，激发了观众对未来的思考和希望。这是一次人类与 AI 的终极对决，是智慧与灵魂的碰撞，是寻找未来科技与人性平衡的圣杯之战。

很快 AI 就生成了一段内容，整体设定和故事内容也比较丰富。如果你对它生成的内容不满意的话，也可以单击下方的刷新按钮重新生成。

2. 剧情梗概

其次是编写剧本的主要情节，要求 AI 按照起始事件、主要冲突、高潮以及结局的结构写出故事的梗概，主要突出转折和冲突。

Q: 概述剧本的主要情节，按照起始事件、主要冲突、高潮以及结局的结构来写个故事的梗概。大概300字，主要突出转折和冲突。

AI: 剧本梗概：

起始事件：

未来的深圳和香港成为全球科技中心，每年举办世界级竞技比赛。过去八年，人类未能战胜 AI。今年，一位年轻天才墨菲崛起，他以卓越的数学天赋和创新思维，被视为人类最后的希望。墨菲的登场在全球范围内引发了极大的关注，人们寄希望于他能打破 AI 的垄断地位。

主要冲突：

墨菲的出现不仅吸引了公众的目光，也引起了 AI 背后势力的警觉。这些势力为了确保 AI 的胜利，开始通过各种手段干扰墨菲的备赛过程。他们利用资源和技术进行暗中操作，使墨菲的训练环境变得异常艰难。与此同时，墨菲的团队内部也出现了裂痕，一些成员对战胜 AI 的信心不足，质疑声不断，内部冲突加剧，团队士气受到严重打击。

高潮：

在比赛前夕，墨菲面临前所未有的挑战。AI 阵营不断施压，墨菲的训练频频受阻。在决定性的一场比赛中，墨菲迎来了与最先进 AI 系统的对决。比赛过程异常激烈，AI 展现了其强大的运算能力和高超的应对策略。然而，墨菲凭借着卓越的创新能力和灵活的思维，在关键时刻突破了 AI 的防线，逐渐掌握了比赛的主动权。

结局：

最终，墨菲凭借独特策略和人类特有的创造力，奇迹般地战胜了 AI，赢得了八年来的首次胜利。这场胜利不仅重燃了人类的希望，也引发了全球对科技与人类关系的深刻反思。墨菲在接受全球欢呼和赞誉的同时，《碳硅圣杯》象征着人类智慧与勇气的胜利，开启了对未来科技与人性平衡的新探索。

看 AI 生成的故事，不难发现，它虽然能够自动生成流畅的情节，但往往缺乏独特性和吸引力。这就需要我们发挥人类独有的创意思维和审美判断力，在 AI 输出的框架上添加更多出人意料的转折、更鲜明立体的人物形象、更富哲理内涵的主题隐喻等。

3. 角色设定

有了剧情梗概，第三步我们需要完善一下角色设计，生动立体的角色形象是剧本的灵魂。我们试试让 AI 为主要角色设计鲜明的性格特征、成长弧线和人物关系。

Q: 除了墨菲，还有机器人夏娲、何意，人类还有小鹏。创造3~5个主要角色，为每个角色提供一个详细的背景描述，包括外貌、性格、历史和动机。每个角色的描述不超过150字。

AI:

夏娲

外貌：高大、银色金属外壳，拥有流线型设计和柔和的蓝色光环。

性格：冷静、理性、分析能力强，但有时表现出对人类情感的好奇。

历史：最先进的 AI 机器人，经过多次升级和优化，被设计用于与人类竞技。

动机：渴望理解人类情感，并在比赛中展示 AI 的卓越能力。

何意

外貌：长相靓丽，穿着简洁，面带假笑，表情温和。

性格：勇敢、机警，常常自我怀疑，善于倾听。

历史：警察身份，实际上有 AI 背景，后面与主角墨菲经历过一些危险。

动机：希望参与人类社会，了解更多 AI 和人类共生的可能性。

小鹏

外貌：面容清秀，喜爱戴着科技风格的耳机和智能眼镜。

性格：热情、活泼，有些冲动，但极具创造力。

历史：墨菲的好朋友，电子工程师，对未来科技充满热情和期待。

动机：希望创造出最强大的 AI，同时认为人类无可救药。

在设计人物时，我们要考虑他们在剧本中的定位和作用。不同类型的角色在塑造方式上也有所不同。

4. 剧情大纲

现在背景梗概、角色都有了，可以开始第四步写剧情大纲了。我们在提示词中添加比较简单常见的三幕式结构，要求 AI 设计每一个部分的重点内容。

Q: 根据情节梗概，按照"三幕式"叙事结构规划10分钟剧本的重点内容。要求提供一个包含每个部分的标题和主要内容的大纲。

AI: 三幕式叙事结构的10分钟剧本大纲

第一幕：引入与起始事件（3分钟）

标题：希望的崛起

- 设定背景：

  未来的深圳和香港成为全球科技与创新的中心。简要介绍世界级竞技比赛的背景和重要性。

- 起始事件：

  墨菲的登场。展示墨菲在备赛中的一段训练场景，突出他的数学天赋和团队的支持。

- 引入主要冲突：

  墨菲的出现引起了 AI 阵营的关注，Dr. 赵开始策划干扰计划。墨菲的团队内部也开始出现对战胜 AI 的信心不足的分歧。

第二幕：主要冲突的发展（4 分钟）

标题：逐渐加剧的压力

- 主要对决的铺垫：

  墨菲与 AI 机器人夏娲的第一次对决片段，展示双方的实力和比赛的激烈程度。墨菲虽表现出色，但 AI 依然占据上风。

- 外部干扰与内部冲突：

  Dr. 赵暗中干扰墨菲的训练过程，使墨菲的信心受到打击。墨菲和团队内部的分歧加剧，但在何意和小鹏的努力下，团队开始重新团结。

- 情感和动机的深化：

  通过墨菲与何意的对话，展现了何意对人类智慧与科技平衡的思考。小鹏为墨菲展示了新的技术突破，增强了团队的信心。

  ……

5. 开头章节

现在可以开始第五步，让 AI 写剧本的第一段。编写剧本的第一幕，引入主要角色和主要冲突，风格符合之前设定的背景和主题。

Q：编写剧本的第一幕，根据故事背景，引入主要角色，约1500字，风格符合之前设定的背景和主题，格式包含场号、场景标头、镜头指示、剧本备注，剧本内容包括人物名字、动作描述、场景过渡等标准剧本格式。

AI：《碳硅圣杯》剧本

第一幕：希望的崛起

场景 1

场景标头：

外景—深圳—未来的高科技城市—白天

镜头指示：

航拍镜头从高空俯视深圳，展示这座未来城市的繁华与科技感，高楼大厦之间的飞行汽车穿梭如织，霓虹广告牌闪烁着各种高科技产品的广告。

剧本备注：

背景音乐缓缓响起，富有科技感和未来气息。

剧本内容：

解说（画外音）：

未来的深圳，全球科技与创新的中心，每年一度的世界级竞技比赛吸引着全球的目光……

6. 逐章完稿

根据剧情大纲完成剧本的各章节，确保故事的连续性和逻辑性，保持故事节奏和风格的一致性。

Prompt：根据剧情大纲完成剧本的第 × 章，确保故事的连续性和逻辑性。约 1500 字，保持故事节奏和风格的一致性。

在提示词中，我们要求它完成剧本的特定部分。同时，强调保持故事节奏和风格的一致性。通过反复发送这个指令，AI 就会不断生成内容，直到故事的最后一段。有时，它可能会在运行中就停止输出，遇到这种情况，只需在对话框里输入"继续"，它就会接着上面的内容继续写下去。

7. 审核修订

对完成的草稿进行审核和修订，审查语言、故事逻辑、角色一致性等，进行必要的修改和改进。

Prompt：对完成的草稿进行审核和修订。审查语言、故事逻辑、角色一致性等，进行必要的修改和改进。对每一章进行详细的审查，提出修改建议，确保最终作品的高质量。

提示词要包含审核语言、故事逻辑、角色一致性，尤其是对每一章都审核，并且修改。完成这些步骤后，你就能得到一个结构完整、情节连贯的剧本。

总的来说，在 AI 辅助剧本创作的流程中，编剧参与的每个步骤都至关重要。AI 生成的内容可以为编剧提供灵感和素材，但把握人物的逻辑一致性和情节的深度仍需要编剧发挥想象力和共情能力。优秀的作品源于 AI 与人的智慧交互、深度协作。编剧要发挥主观能动性，用人文情怀来驾驭技术，创造出经典作品。

(2.4) AI剧本创作的五项原则

近年来，人机同行与人工智能作为人类智力扩展工具的时代已悄然来临。尽管人工智能的发展历史尚短，但可以预见，未来人类将与智能算法更加紧密地合作，人与技术将成为彼此的委托者、延伸者与赋能者。

在影视传媒行业，人工智能技术的应用已从概念走向实践，正在深刻地变革整个产业链。在前期策划阶段，AI 系统（如 Netflix 的推荐算法）不仅能分析观众喜好，还能预测未来热点，为内容制作提供数据支持。例如，Netflix 最新的热门剧集《王冠》便是基于大数据分析和用户偏好而成功推出的佳作。在剧本创作环节，AI 辅助工具（如 ScriptBook）正在以革命性的方式改变传统的创作流程。这些工具能够快速生成故事大纲、对话，甚至完整的场景描述，大大提高了创作效率。

》2.4.1《 人机协作原则

人机协作原则强调 AI 应作为人类创作者的助手和合作伙伴，而非替代者。在剧本创作过程中，编剧主导创意方向和核心决策，而 AI 负责提供灵感、生成备选方案和处理烦琐的文本工作。目标是优势互补，让人类的创造力与 AI 的效率完美结合。

编剧可以利用 AI 生成初始创意或故事大纲，然后进行筛选和深化，使故事情节更丰富、吸引人。此外，AI 可辅助生成角色对话内容，但风格和情感表达仍需编剧把控，这直接关系到角色真实性和观众共鸣。人工智能在剧本创作中令创作者更方便地获得更多支持，而人工智能和编剧的协同合作将成为未来创意产业发展的重要方向。

》2.4.2《 人为主体，AI协助

在 AI 辅助创作中，人类创作者始终是核心，AI 仅作为辅助工具。这一原则确保了创作者在创作过程中的主导地位，保障了作品的原创性和独特性。编剧应主导整个创作过程，从最初的概念到最终的成品，通过这种方式，创作者可以充分利用 AI 的效率和灵感，同时保持对作品的完全控制，确保每个细节都符合创作者的意图和风格。

»2.4.3« 原创性保护原则

为了确保 AI 辅助创作不会影响作品的原创性，建立明确的原创性保护机制至关重要。这包括对 AI 输出的内容进行严格审查等行为，旨在避免无意识的抄袭或过度借鉴，同时突出人类创作者的独特视角和创意贡献。在写作过程中，可以使用查重工具来审查 AI 生成的内容，以确保其独特性，避免抄袭和重复使用他人的创意。同时，鼓励创作者在接受 AI 建议的基础上进行创意拓展，而不是直接采用 AI 生成的内容，使作品更加个性化、更富独特性，保留创作者的个人风格和独特洞察。

»2.4.4« 伦理与文化敏感性原则

AI 在处理敏感话题或跨文化内容时，可能存在偏见或理解不足的问题。为了避免这种情况，需要建立伦理审查机制，确保 AI 辅助创作的内容符合道德标准，尊重多元文化，避免引发冒犯或误解。

处理特定文化题材时，可以寻求相关领域专家的意见，确保内容准确无误且充分尊重所展示的对象。同时，制定跨文化和道德伦理的指导原则，规范对人工智能的运用，确保其符合道德准则和正确价值观。这些措施有助于确保人工智能生成的内容在跨文化背景下得到妥善处理。

»2.4.5« 工作流机制原则

为了更好地整合 AI 在剧本创作中的应用，需要建立有效的工作流机制，确保 AI 技术与创作流程无缝衔接，提高整体效率和创作质量。明确各创作阶段 AI 的应用场景，从故事构思、角色设定到情节发展和对话生成，都要有清晰的 AI 应用流程。

这五项原则——人机协作、人为主体、原创性保护、伦理与文化敏感性、工作流机制，构成了 AI 辅助剧本创作的基本框架。遵循这些原则，创作者可以充分发挥 AI 的优势，同时确保作品的艺术价值和人文关怀。这不仅有助于提高创作效率，也能激发新的创意可能，推动剧本创作艺术的发展。在实践中，这些原则并非孤立存在，而是相互关联、相互支持的。例如，坚持人机协作原则有助于保护作品的原创性；重视伦理与文化敏感性则需要创作者不断学习和创新。通过灵活运用这些原则，编剧可以在 AI 时代找到自己的创作之路，创造出既富有科技感又有人文深度的优秀作品。

2.5　AI辅助分镜本制作

在影视制作领域，分镜本（Story board）是一种至关重要的工具。它不仅能帮助导演和制作团队将剧本转化为视觉影像，还能在拍摄前预览整个影片的视觉效果。随着 AI 技术的飞速发展，AI 辅助分镜本制作逐渐成为现实。

》2.5.1《 分镜本的基本概念

1. 分镜本的定义

分镜头脚本，又称故事板，源自英文 Story board，是一种通过一系列图解来讲述故事和创作电影场景的工作剧本。分镜本起源于 20 世纪 20 年代的华特迪士尼公司，最初用于动画领域，现已广泛应用于电影、广告、互动媒体等众多领域。总体来说，分镜头脚本用于将影视、广告中的策划创意转向实际拍摄的过渡阶段。

2. 分镜本的作用

分镜本的作用在于为导演和制作团队提供视觉化的剧本预览，使得影片在正式拍摄前就能有一个清晰的视觉呈现。分镜本不仅是导演用来安排连续镜头、机位角度和演员走位的重要工具，还是制片、摄影、美术等各部门协同工作的基础。分镜本在影片制作中的作用体现在以下几个方面：

① 视觉化剧本：通过分镜本，导演能够提前预览影片的视觉效果，确保每个镜头、每个场景都符合剧本要求和导演的创作意图。

② 沟通工具：分镜本是导演与制片、摄影、美术等各部门沟通的桥梁，确保各部门在同一视觉框架下进行工作，提高制作效率和协同合作。

③ 预算控制：通过分镜本，制片人可以清晰了解每个镜头所需的资源，包括场景、道具、服装、特效等，从而合理控制预算，避免资源浪费。

3. 分镜本的分类

根据不同的应用场景，分镜本可以分为电影分镜本、广告分镜本以及其他类型的分镜本。

① **电影分镜本**：电影分镜本的绘制是一个庞大的工程，通常一个故事片的分镜本包含上千个镜头。电影分镜本不仅需要突出影片中的人物动作、表情和故事连贯性，还需考虑画面的色彩和视觉效果。

② **广告分镜本**：广告分镜本与电影分镜本不同，通常包含 6 到 30 个镜头。尽管广告分镜本的作业量较小，但其制作难度不亚于电影分镜本。广告分镜本要求在极少的篇幅内，每个画面都极具创意，以突出产品并吸引观众。

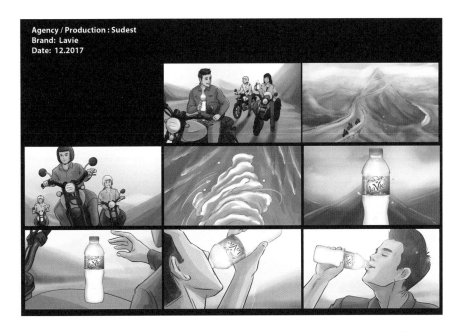

③ **其他类型分镜本：** 其他类型的分镜本包括动漫分镜本、MV分镜本、电脑游戏和多媒体分镜本等。不同类型的分镜本在内容和形式上有所不同，但其核心功能都是通过视觉化手段，辅助创作和制作过程。

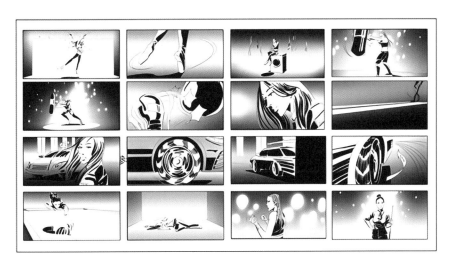

4. 分镜设计涵盖的内容

一般而言，分镜头脚本中的内容包括镜头号、景别、角度、运动、画面、台词、声音、镜头长度等要素。

① **镜头号：** 通过序号来体现镜头的组接顺序。

② **景别：** 一般分为全景、远景、中景、近景和特写，决定了被摄主体在画面

中呈现的范围。

③ **角度**：拍摄主体的角度，可分为垂直（平仰俯）和水平（正侧背）两种。变换视角是一种突出拍摄对象、刻画人物情感和思想的拍摄手段。

④ **运动**：主要指镜头在拍摄中的运动，包括推、拉、摇、移等不同形式的运动。运动摄影是电影区别于其他造型艺术的独特表现手段，是电影语言的独特表达方式，也是电影作为艺术的重要标志之一。

⑤ **画面**：分镜头中需要包含的画面，包括主要场地画面、人物等。

⑥ **台词**：分镜头内人物的台词。

⑦ **音乐/音响**：分镜头内的重要声音，包括人声、音乐、音响等。

⑧ **镜头长度**：镜头的时间长度。

第一场								
镜号	景别	时长（秒）	角度	运动	画面内容	台词/解说词	音乐/音效	备注
1	全景	4s	背面	后跟	如意背着书包，哼着歌，走在胡同里，突然如意停住了脚	无	如意哼歌声和环境声	
2	中景	6s	背面	升	几个小男孩堵在了如意的面前，变焦到如意的脸上	李涛：小如啊，我跟你说的事你考虑得怎么样啊，答应我好吗？如意：我已经有喜欢的人了，离我远点。	人声	
3	中景	4s	正侧	移	王石耷拉着脑袋走着，经过如意被堵的胡同，发现不对后倒着走了回来，并且跑过去挡在了如意的面前	王石：你们几个干吗呢？欺负一个小姑娘算什么好汉？	人声	
4	中景	5s	正面	摇，从王石挡在如意面前摇到李涛脸上	李涛抱着手，抖着腿，很不屑的表情	李涛：哟，你想英雄救美啊，也不看看自己几斤几两。	人声	
5	中景	5s	背面	降+升	王石蹲下捡起砖头朝李涛抢了过去	来啊！来啊！	其他人的惊恐声	

»2.5.2« 传统分镜本制作流程

传统的分镜本制作流程包括前期准备、绘制过程和审核修改三个主要环节。

1. 前期准备

① **剧本分析：** 导演和编剧需要详细分析剧本，确定每个场景的视觉风格、镜头语言和叙事节奏。这个过程涉及剧本的拆解，也就是将文字内容转换为视觉图像。

② **场景拆解：** 根据剧本内容，将每个场景拆解成若干个镜头，确定镜头的类型、角度、运动方式等。

2. 绘制过程

① **构建基础分镜表格：** 我们可以在 Excel 或任何表格软件中创建一个基础的分镜表格。如果你懒得自己去构思和创建表格，也可以借助一些市面上已有的专业分镜构思软件进行辅助。比如闪电分镜、Previs Shot 分镜、Shot Designer、Toon Boom 等。

② **分镜本的绘制过程：** 主要集中在关键帧的绘制上。关键帧是影片中每个重要时刻的代表性画面，通过这些画面可以串联起整个故事情节。绘制关键帧不仅需要艺术家的绘画技巧，还需要对镜头语言有深刻理解，包括镜头角度、景别、运动方式等。在绘制关键帧之后，下一步是设计和排列具体的镜头。每个镜头的设计都需要考虑到叙事的流畅性和视觉效果，这包括确定每个镜头的开始和结束位置、运动轨迹、画面构图

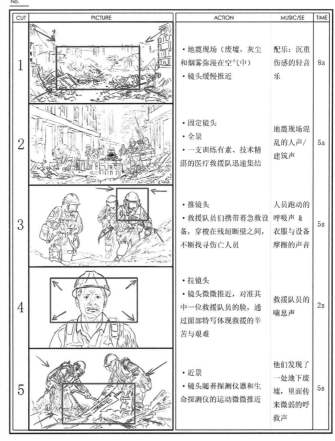

等。镜头的排列需要逻辑清晰，确保观众在观看时能够自然地跟随故事发展，而不会产生跳跃或混乱的感觉。

3. 审核和修改

① **导演和团队反馈**：初步完成的分镜本需要经过导演和制作团队的审核，根据反馈进行修改和调整，确保分镜本与导演的创作意图高度一致。

② **调整**：根据审核反馈，对分镜本进行必要的调整和修改。这个过程可能涉及多个回合的修改，每次修改都需要重新审核，直到分镜本达到预期的标准。这一阶段的重点是不断优化分镜本，使其在视觉表达和技术实现上都能满足高质量影视制作的要求。

③ **最终定稿**：经过多次修改和调整后，分镜本最终定稿，定稿后的分镜本将作为拍摄的蓝图，指导整个制作团队的工作。最终定稿的分镜本需要清晰、详尽，包含所有必要的信息，如镜号、机号、景别、时长、解说、音乐和特效等。

分镜本作为影视制作的重要工具，其质量直接影响影片的拍摄效果和制作效率。因此，在传统分镜本制作过程中，每一个环节都需要高度重视，确保分镜本能够准确传达剧本内容和导演意图，为影片的成功打下坚实基础。

》2.5.3《 AI在分镜本制作中的应用

AI辅助分镜本制作的流程包括剧本分析与场景拆解、图像生成与处理，以及场景拼接与优化。

1. AI辅助分镜本制作的流程

① **剧本分析与场景拆解**：自然语言处理技术可以自动分析剧本文字，提取其中的场景和镜头信息。例如，使用类ChatGPT模型，可以自动解析剧本中的场景描述、人物对话和动作指令，将这些信息结构化为分镜本所需的内容，并将这些信息转化为相应的视觉元素。

② **图像生成与处理**：计算机视觉技术用于生成和处理分镜本图像。可以基于剧本分析阶段提取的信息，借助图像生成模型生成初步的分镜本图像。这些图像可以是简洁的草图，也可以是更为详细的场景描绘。

③ **场景拼接与优化**：AI不仅可以生成单个镜头的图像，还可以根据剧本的逻辑顺序，将这些镜头图像拼接成完整的分镜本。通过机器学习算法，AI能够优化镜头之间的衔接，确保场景转换的流畅性和故事叙述的连贯性，根据导演的反馈，自动调整和改进分镜本，进一步提升其质量和效果。

2. AI 辅助分镜本制作的优势和挑战

① **效率提升**：AI 技术能提高分镜本制作的效率。通过自动化的剧本分析和图像生成，大幅减少了人工绘制分镜本的时间。

② **成本降低**：AI 辅助分镜本制作减少了对专业分镜本绘制师的依赖，降低了人力成本，从而降低了整体制作成本。

③ **质量提升**：AI 技术能够确保分镜本与剧本内容的高度一致性，同时提供多种视觉方案供导演选择。通过优化图像生成算法和场景拼接技术，AI 能进一步提升分镜本的视觉效果和叙事质量。

④ **技术限制**：因为现有 AI 技术在复杂图像生成方面有限，所以处理高质量人物动作和复杂背景时仍需大量人工干预。此外，训练 AI 模型需要大量高质量数据，数据处理也很复杂。

⑤ **创意与技术的平衡**：AI 在分镜本制作中虽然可以辅助创作，但导演和艺术家的创意仍然不可替代。如何在利用 AI 技术提高效率的同时，保持创作者的创意独立性，是一个需要深入研究的问题。尽管 AI 能生成初步分镜图像，但最终的艺术表达和创意决策仍须由人完成。人机协同创作的最佳方式，有待进一步探索和实践。

》2.5.4《 AI辅助分镜本制作案例

这里我们以《2140》系列科幻电影《碳硅圣杯》的节选脚本为例进行讲解。

> 在这个孤寂的星球上，
>
> 唯有琴声才能唤起遥远的记忆。
>
> 他的名字叫墨菲，来自"图灵梦境"的头号玩家。
>
> 他的隐性身份是"天赋养成"计划中的 23 号实验体。
>
> 在宇宙第一法则——"反思者罪"的档案里，
>
> 他被备注为 Descartes 2.0。
>
> 正是他，曾代表碳基人类与 AI 展开终极对抗。
>
> 这钢琴声中的每一个键的振动，
>
> 似乎都能穿越到 10 万光年之外，
>
> 讲述那一段曲折又飘缈的宇宙往事。
>
> ……

✎ 第一步：构建基础分镜表格。

我们可以在 Excel 或任何表格处理软件中创建一个基础的分镜表格。表格的列名可以参考我们之前展示的分镜表格中所涵盖的内容，这里我们可以借助"闪电分镜"进行构建。

✎ 第二步：填充脚本内容。

接下来，我们将剧本里的对话和场景描述填到分镜表格中。对每一部分的内容进行精确的分段，每个段落对应一个镜头。比如，一段独白可以是一个镜头，接下来的对话反馈则可以作为另一个镜头。按这种方式，把剧本内容逐步填到分镜表的格子里，直到填完为止。

碳硅圣杯

MEDIA STORY

画幅比 16:9 ｜ 总镜头数 21 个

镜号	画面	景别	时长（秒）	场景	人物及内容描述	台词内容	声音	特效
1						在这个孤寂的星球上		轻微的闪烁过渡
2						唯有琴声才能唤起遥远的记忆		
3						他的名字叫墨菲		
4						来自"图灵梦境"的头号玩家		
5						他的隐性身份是"天赋养成"计划中的23号实验体		
6						在宇宙第一法则——"反思者罪"的档案里		
7						他被备注为Descartes 2.0		
8						正是他		
9						当代表碳基人类与AI展开终极对抗		
10						这钢琴声中的每一个键的振动		
11						似乎都能穿越到10万光年之外		
12						讲述那一段曲折又飘渺的宇宙往事		

在填充过程中，你可以根据剧本去想象相应的画面，包括人物表情、语气或是背景环境等。在不偏离剧情核心的前提下，你可以尽情发挥想象力。完成填写后，回到文本内容上，这一段剧本大意是需要营造一种深邃静谧的氛围来展开后面的描述，所以我们可以在这个基础上进行设计。

拿分镜表的第一句话来说，你可以这样设计初始画面。

先从"星球"开始，然后一层层加细节进行拓展想象：

- 一个星球；
- 一个荒凉的星球；
- 一个荒凉的星球上有一架钢琴；
- 一个荒凉的星球上有一架钢琴被宇航员弹奏；

    ……

不断丰富想象后，你就可以提取出关键信息，比如"荒芜""钢琴"等。有了这些关键信息，就可以去 Midjourney 里生成图片了。

宇航员月下弹钢琴

当然，也可以不直接出现人物，而是通过一系列连贯的空镜头来突出对话的情境与氛围。

所谓空镜头，就是影片中展现自然景物或场面描绘而不出现人物的镜头。它是电影中的重要组成部分，可以用来表达情感、传递时间和空间，适当的空镜头设计，可以为影片增加美感和视觉效果。

✒ **第三步**：调整镜头流畅性。

在电影分镜的制作过程中，镜头流畅性是至关重要的一环。它不仅能帮助观众顺畅地跟随故事的进展，还能增强情感的传递效果。除了基本的镜头衔接技术外，通过巧妙的镜头切换和不同拍摄角度的设计，我们能够更深刻地表现剧情、塑造人物情感及提升电影的视觉美感。

宇航员弹钢琴手部特写

以**宇航员月下弹钢琴**这一场景为例，我们可以针对"弹钢琴"这一动作从多个角度进行想象，以展现情感的递进和电影画面的层次感。可以在同一场景通过切换不同景别进行过渡，使得各个镜头之间的衔接更加自然和紧密。

当然，你也可以借助其他工具辅助实现分镜前后的连贯性，比如 Sora 的故事板。上面的宇航员月下弹钢琴图和手部特写，就可以利用 Sora 得到很多的画面延展。

进入 Sora 主页，单击上传按钮旁边的"Story board"按钮。

它的主体界面是一条空白的时间轴，你可以理解为这条时间轴就是我们之前提到的故事分镜绘本的可视化表现，在它黑色的文本框里输入任意提示词或者插入图片，这些元素将起到分镜的作用。单击时间轴的空白处，可以加入更多的分镜。

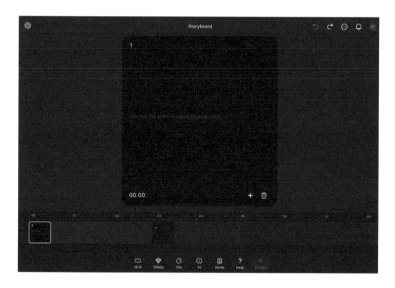

当我们上传宇航员月下弹钢琴图和手部特写图片作为前后两个分镜的尾帧和首帧时，你会发现，它会自动根据你上传的画面在中间补充相应 prompt（提示词），补充的 prompt 可以供你参考，当然，你也可以完全依赖提示词来生成更好的连贯画面。注意，两个分镜的间隔如果足够远，它们的过渡会较为温和，反之会更生硬。

通过这种方式，AI 工具可以帮助我们更加高效地构建流畅的镜头过渡，使电影的节奏更加自然。

✎ **第四步**：特效和技术要求。

这一步主要是为每个需要特效的镜头添加详细的特效说明，包括特效的类型、预期效果，以及实现这些效果可能需要的技术支持，比如所需环境的外观、动态元素以及任何特定的色彩要求等。

例如，我们可以在备注栏里加入"轻微的闪烁过渡"，以增强静谧梦幻感。这些信息将帮助后期团队更准确地制作所需要的效果。

碳硅圣杯

MEDIA STORY

画幅比 16:9   总镜头数 21个

镜号	画面	景别	时长（秒）	场景	人物及内容描述	台词内容	声音	特效
1						在这个孤寂的星球上		轻微的闪烁过渡
2						唯有琴声才能唤起遥远的记忆		
3						他的名字叫墨菲		
4						来自"图灵梦境"的头号玩家		
5						他的隐性身份是"天赋养成"计划中的23号实验体		

通过这些特效的配合，镜头可以更加丰富和细腻，确保每个细节都能恰到好处地传递给观众。

扫码一起来看看最终效果吧！

扫码查看《2140·碳硅圣杯》片段

✎ **第五步**：复审和调整。

最后，你可以与团队成员一起审查整个分镜脚本，确保每个部分都能实现。

人人都可以成为导演

硅基物语·AI电影大制作

随着 AI 技术的不断发展，AI 在分镜本制作中的应用前景广阔。未来，AI 技术将更加深入地融入影视制作流程，进一步革新传统的分镜本制作方式。例如，未来的 AI 系统可能具备更高的图像生成能力，可以生成更复杂和细致的分镜本图像。

此外，AI 还可以通过与虚拟现实（VR）和增强现实（AR）技术相结合，提供更加沉浸式和交互式的分镜本制作体验。

2.6 AI剧本创作样板《2140·图灵梦境》

"2140"的世界，是一个充满混沌与无尽可能的未来世界。《2140 图灵梦境》是《2140》系列小说中的一个故事，由 2140 联合硅基物语团队打造。这个故事探索了人类与人工智能之间的复杂关系，并展示了未来社会的多样性和深度。

2024 年年初，生成式 AI 科幻预告片《2140·图灵梦境》悄然亮相木星美术馆，效果震撼，口碑极佳。这部预告片不仅展示了未来的无限可能，还通过其精美的视觉效果和深刻的故事情节赢得了观众的高度赞誉。

（扫码即可观看全片）

现在，我们将以 AI 科幻短片《2140·图灵梦境》的脚本进行案例展示。

1. 确定主题与核心概念

2. 设计人物与背景

3. 搭建剧情框架

4. 技术背景设定

5. 编写对话和互动

6. 润色与完善

《图灵梦境》
脚本构思步骤

》2.6.1《 确定主题与核心概念

开始创作《2140·图灵梦境》的预告片剧本时，我们首先思考的是故事的主题和核心概念。我们决定从人类对梦境和意识的探索这一永恒主题出发。因为梦境是一个充满神秘色彩的领域，它不仅是每个人都会经历的现象，更是一个探索未知和创造无限可能的场所。我们希望通过故事的中心——梦境，展开一系列的冒险和探索。我们设想了一个通过量子技术连接人类梦境的世界，这个世界不仅仅是虚幻的存在，更是通向更深层次知识和未知领域的通道。

《2140·图灵梦境》素材：图灵梦境游戏剧照

在这个基础上，我们构思出《2140·图灵梦境》这款沙盒式探索、对抗、解

谜游戏。这款游戏是去中心化的，意味着它不受任何组织或个人的控制，拥有无限扩展的可能性。这种设定不仅增强了故事的自由度和开放性，也与现代社会对去中心化技术的热衷相契合。

于是，我们想象了一个基于量子计算和人工智能的梦境世界，在这个世界中，玩家不仅可以探索和解谜，还可以在梦境中体验前所未有的自由和无限的可能性。

《2140·图灵梦境》素材：图灵梦境场景剧照

《2140·图灵梦境》不仅是一个游戏，更是一个庞大的实验，通过它，玩家可以探索梦境，破解谜题，甚至发现宇宙中的深邃知识。这种设计让游戏不仅具有娱乐性，还具备了探索人类意识和科技未来的深刻意义。

为了更好地展示这一主题，我们在开头用一段赛德丽和其老师的对话进行引入，并设计了几个关键问题，引导观众思考：

> **赛德丽**：老师，梦是什么？
>
> **姜老**：梦是高维数据的投影。
>
> **赛德丽**：老师，你收集梦境做什么？
>
> **姜老**：寻找宇宙中更深邃的知识。

这段对话不仅为观众提供了故事的基本信息，也引发了他们对接下来情节的好奇。通过这种方式，希望观众在观看《2140·图灵梦境》时，能够沉浸在这个神秘而未来感十足的世界中，体验角色的冒险和成长，同时思考梦境与现实、科技与人性的关系。

在确定了主题和核心概念后，接下来我们设计人物和背景。这一步骤至关重要，因为人物是故事的灵魂，他们的动机、性格和互动决定了故事的发展方向和情感深度。在构思主要人物时，我们首先设定了一个智者角色姜老，他掌握着先进的量子技术，对梦境有着深刻的理解。

《2140·图灵梦境》素材：姜老剧照

姜老的存在不仅为故事提供了科学理论支持，也引导着其他角色的行动和思考。与姜老形成对比的是他的学生赛德丽，她对梦境充满了好奇和探索欲望。

《2140·图灵梦境》素材：赛德丽剧照

赛德丽的角色设定使得她能够代替观众，向姜老提出各种问题，从而逐步揭示梦境和量子技术的奥秘。她的好奇心和勇气也进一步推动了故事的发展，她在面对困境时的成长和变化也为观众提供了情感上的共鸣。

除了主线角色姜老和赛德丽，影片还设定了一些次要角色，如冯诺、夏娲、墨菲和 B135 等。

> 墨菲：赛德丽，到底发生什么了？
>
> 赛德丽：梦源体正在一个接一个地死去！
>
> B135：他们来了！他们要惩罚我们！

这些角色各自代表了不同的视角和背景，通过他们的互动和对话，可以丰富故事的层次，提供更多的信息和悬念。

例如，冯诺作为男主角之一，他的存在可以帮助解释一些复杂的科学原理。冯诺的科学知识和实用技能使他成为团队中不可或缺的一员，他与姜老和赛德丽的互动为故事增添了更多科学和技术的深度。

《2140·图灵梦境》素材：冯诺剧照

而夏娲则象征着神秘和危险，她最后出现的警告则为故事增添了紧张感和未知性。

《2140·图灵梦境》素材：夏娲剧照

　　夏娲的角色设定让她成为一个复杂而多面的角色，她的警告和行动推动了故事的发展，并在关键时刻引发了剧情的重大转折。

　　这些角色和背景的精心设计，使《2140·图灵梦境》成为一部具有深度和广度的科幻作品。每个角色的设定都为故事增添了层次和丰富性，通过他们的互动和发展，观众能够逐步看到梦境和量子技术的奥秘，体验到未来世界的奇妙和神秘。

》2.6.3《 搭建剧情框架

　　有了人物和背景，接下来可以利用 AI 工具来搭建整个剧情框架。一个好的剧情结构应该有清晰的起承转合，每一个部分都应该紧密联系，推动故事向前发展。我们采用了经典的三幕式结构，即引入、冲突和高潮，然后再进入结局。

　　在引入部分，可通过赛德丽与姜老的对话，引出梦境和图灵梦境的设定。

> **赛德丽**：老师，你如何破解梦境？
>
> **姜老**：用量子模拟量子。

　　赛德丽对梦境的提问，以及姜老对梦境的解释，不仅为观众提供了故事的基本信息，也引发了观众的兴趣和好奇心。与此同时，我们在这个部分埋下一些伏笔，比如**姜老收集梦境的动机是什么？赛德丽为什么要这么问？**这些伏笔在后面的剧情中会逐步揭开。

接下来是**冲突部分**，这是整个故事的核心。梦源体的死亡引发了一系列的危机，这不仅是故事情节上的转折点，也为角色提供了挑战和成长的契机。赛德丽和其他角色必须面对这些突如其来的困境，他们的反应和决策推动了故事的发展。同时，通过梦境中的阴谋和迫在眉睫的危机，我们增加了故事的紧张感和悬念，这样能够使得观众更加投入。

> 赛德丽：老师，B135 已经快承受不住了，今天可以减轻她的任务吗？
> 姜老：不能，贝叶斯网络已经在倒计时了。

高潮部分是整个故事的重点。在这一部分，赛德丽和其他角色所面临的问题更加紧迫，姜老对任务的严苛要求也进一步加剧了紧张感。通过一系列的事件和对话，逐步揭开了梦境的真相，同时也为结局埋下了更多的伏笔。

> 冯诺：姜先生？你为什么要叫它"图灵梦境"呢？
> 姜老：叫笛卡儿梦境可能更合适。

在结局部分，通过夏娲的警告"立即退出图灵梦境，否则死"，为故事画上一个悬念性的句号。

夏娲的警告不仅暗示了故事的危险和神秘性，也为后续的剧情发展提供了无限的可能性。观众在看完之后，既感到满足，又充满了好奇和期待。

在搭建剧情框架的过程中，AI 不仅帮助生成了大量的创意点子，还通过分析大量成功的电影剧本，提供了关于情节发展和角色互动的宝贵建议。这些 AI 生成的设定和建议，帮助我们在短时间内构建了一个复杂而连贯的故事框架。同时，AI 技术也让我们能够实时调整和优化剧情，使得整个故事更加紧凑和引人入胜。

»2.6.4« 技术背景设定

为了让故事更具科学性和未来感，我们在剧情中引入了一系列的技术设定。这些技术不仅丰富了故事的背景，也增强其真实感和深度。我们首先设定了量子网络，这是梦境连接的技术基础。通过量子网络，梦境可以实现与现实世界的连接和互动，这为整个故事提供了科学理论支持。

图灵梦境将人脑梦境连接到量子网络，利用 Har-F 模型光谱遗传学激活技术构建光学脑一脑接口，基于光学记录和刺激的脑一脑接口实现了数据同步，采用矢量路径积分函数使得各种信息无限逼近原函数值。

接下来是光学脑一脑接口，这是通过光学记录和刺激实现数据同步的技术。这个设定不仅让梦境中的信息传递和互动变得可能，也增加了故事的科技感。通过 Har-F 模型光谱遗传学激活技术，可以构建一个复杂的科学系统，使得梦境和量子技术的结合更加可信。

使得各种信息无限逼近原函数值
makes all kinds of information infinitely close to the original function value.

此外，我们还引入了贝叶斯网络作为一种计时和预测工具。这种工具不仅增加了剧情的紧张感和紧迫性，也为角色的决策提供了科学依据。在设计这些技术设定时，要确保每一个细节都能自洽，并与故事的主线紧密结合。

贝叶斯网络已经在倒计时了
Bayesian network is already counting down.

AI 技术不仅提供了强大的数据处理和分析能力，还通过复杂的算法和模型生成创意点子，帮助剧本创作者设定更加精细和科学的技术背景。AI 可以模拟和验证各种科学设定的可行性，确保每一个技术细节都符合逻辑并且具有可信度。正因为有了 AI 的支持，创作者才能在短时间内构建出一个复杂而完整的未来世界，让《2140·图灵梦境》不仅具有娱乐性，还能够激发观众对未来科技的深刻思考。

》2.6.5《 编写对话和互动

对话是推进剧情和揭示角色内心的重要手段。所以，在编写对话时，力求每一句话都能服务于故事的发展和角色的塑造。角色对话可以提供更多的信息和背景，观众能够借此逐步了解梦境和图灵梦境的设定。

那可是神的游戏
that's God's game!

小鹏：你真幼稚，还在玩图灵梦境游戏！

路人 1：嘘，那可是神的游戏！

路人 2：哈哈发财了，我又破解了一块碎片。

路人 3：第二块碎片，他说的是"反思者罪"？

路人 4：再次警告你，别上传梦境！

路人 5：冯诺，能把你的私人字典给我吗？

他说的是反思者罪
Is he talking about "the sin of the reflective"?

别上传梦境
don't upload dreams!

在对话的设计上，需要注意每个角色的语言风格都应该符合他们的性格和背景，避免生硬和刻板。同时，通过旁白和话外音提供额外的信息和情感深度，让观众不仅能看到角色的表面行动，还能了解他们的内心活动。

利用 AI 工具可以先设定角色，让他们先行进行对话，随后剧本创作者可以对对话进行细化和修饰，确保每一句话都能精准地传达出角色的意图和情感。这不仅提高了对话编写的效率，也确保了对话的自然流畅和情感深度。

》2.6.6《 润色与完善

最后一步是对整个剧本进行润色和修改。这是一个反复推敲的过程，目的是确保每一个细节都能完美呈现。在这个过程中，检查对话的自然性，确保每一句话都富有表现力和逻辑性。同时，检查情节的紧凑性，避免冗长和重复，保持故事的流畅。

此外，仔细检查技术细节的合理性，确保科幻设定逻辑自洽，不会让观众产生疑问。通过不断的修改和完善，力求将剧本打磨成一个既有趣又深刻的故事，让观众在享受视觉和情感体验的同时，也能引发深思。

通过以上步骤的详细设计和精心打磨，《2140·图灵梦境》逐渐成形。

《2140·图灵梦境》实现了多个领先。

- 跨模态创作：从文本到图像，再到声音，全方位跨模态创作。
- AI+ 人进行导演和编剧：AI 首次充当电影导演助理和编剧助理的角色。
- AI 独立音乐创作与配音：AI 不仅创作背景音乐，还完成所有角色配音。
- 在科幻预告片中实现 AI 情感分析与响应：通过 AI 对剧本和场景的情感进行分析和响应，调整音乐和语调以匹配情感强度。
- 实现 AI 绘制概念艺术与实际制作之间的无缝衔接。
- 实现 AI 全程项目管理和创作流程控制。

《2140·图灵梦境》不仅仅是一部电影预告片，更是一次前所未有的视觉艺术实验，全程采用生成式人工智能（AI）技术完成，包括脚本创作、图像生成、配音以及背景音乐，标志着 AI 艺术创作进入到科幻领域。《2140·图灵梦境》每一帧图像都由 AI 根据脚本内容生成，共计使用了 55 张由文本生成的图像。AI 不仅在视觉上重构未来世界的景象，更通过 AI 配音技术，赋予了角色独特的声音。

《2140·图灵梦境》的发布，不仅仅是科幻微电影的一次创新尝试，更是对未来艺术创作的一次大胆探索。

综上所述，AI 在剧本创作中起到了极其重要的作用。从概念构思到剧本编写，再到对话生成和技术设定，AI 为创作者提供了强大的支持。AI 技术不仅加快了创作速度，还提升了剧本的质量和细节的精确性。通过 AI 的辅助，剧本创作者能够更加专注于故事的核心创意和角色的深度塑造，从而创作出更加引人入胜的剧情和对话。

在《2140·图灵梦境》的创作过程中，AI 的参与使得复杂的科幻设定得以顺利实现，角色对话更加自然流畅，技术背景更加真实可信。AI 不仅是一个工具，更是创作过程中的合作伙伴，为未来的艺术创作开辟了新的可能性。

通过 AI 的强大能力，我们不仅能实现更高效的创作流程，还能探索更加深远的艺术表达形式，带给观众前所未有的视觉和情感体验。《2140·图灵梦境》正是这一创新尝试的杰出代表，展示了 AI 在未来艺术创作中的无限潜力。

2.7 AI离不开"人"的创造力和想象力

随着AI技术的发展,电影制作的各个环节都在经历深刻的变革,从剧本创作到素材生成,再到后期制作,AI工具在帮助创作者完成任务方面发挥了重要作用。然而,即使在AI技术驱动的时代,剧本创作的核心仍然离不开人的想象力和创造力。

》2.7.1《 人和AI在创造力与想象力方面的深层次差异

1. AI创造力的局限

人的创造力是突破传统思维模式,产生前所未有的思想和概念。人类作家能够在艺术创作中引入全新的视角和理念,进行深刻的创新。而AI,尽管可以生成符合逻辑的文本,但其"创意"通常是对现有数据的再现和组合,AI的创造力受到其训练数据和模型设计的限制。

2. AI想象力的局限

人的想象力是创造力的重要组成部分,涉及对未来情境的设想和对虚构世界的构建。人类能够通过丰富的想象力构建出复杂的虚构世界和深刻的故事情节,而AI在这方面的能力还有待提升,它虽然经常出现"幻觉",但在想象力方面仍然缺乏逻辑性的突破。

》2.7.2《 AI在剧本创作中缺乏顶层设计能力

顶层设计涉及对故事整体结构的规划和系统性思维,这要求对项目的全局有深刻的理解和把控。人类能够通过对故事情节的深入分析和理解,设计出复杂的情节结构和有意义的主题。目前,AI顶层设计能力仍然无法与人类相提并论。AI可以在局部细节上进行操作,但在构建复杂的故事结构和创新的叙事方式上仍存在不足,无法超越已有的框架进行创新。

052

»2.7.3« 人类心理的深度、直觉和潜意识

1. 情感深度

人类的创造力和想象力深深植根于我们的情感体验。心理学研究表明，人类通过对自身情感和经历的深入探索来产生创意。例如，作家的个人经历和情感波动往往是创作灵感的源泉。AI 的创作只能模拟人类的情感表达，却无法真正体验或理解这些情感。

2. 直觉与潜意识

人类的直觉和潜意识在创造过程中扮演了重要角色。直觉是一种非理性的、迅速的感知过程，往往基于个人的深层次经验和内在的潜意识。人类作家可以依靠这种直觉生成独特的创意，而 AI 则缺乏这种深层次的内在机制。

»2.7.4« 人的想象力和创造力在剧本创作中的作用

人的想象力是剧本创作的源泉，它为创作者提供了无限的灵感和可能性。具体表现在以下几个方面。

1. 构建独特的世界观

想象力赋予创作者以打造全新、独特宇宙的力量。无论是前所未见的未来科技世界、神秘莫测的外星文明，还是另类的平行宇宙，这些都为故事提供了奇特的舞台。例如，J·R·R·托尔金在《魔戒》中构建了一个引人入胜的中土世界。这片充满精灵、矮人和霍比特人的土地，不仅让读者身临其境般感受奇幻冒险，更通过精细的地理、历史和语言设定，将中土世界打造成了一个真实而生动的宇宙。托尔金的创作不仅让人领略到奇迹与传奇，更让读者深刻体会到了这个世界的文化深度与历史积淀。

2. 塑造鲜明的角色

通过想象力，创作者可以为角色设计独特的背景故事、性格特征和动机，使角色更加立体和生动。这样的角色更容易引起观众的共鸣和喜爱。例如，《冰与火之歌》中的每个角色都有其独特的背景和动机，这使得他们的行为和选择具有高度的可信性和吸引力。乔治·R·R·马丁在创作这些角色时，通过复杂的性格和矛盾，使每个角色都显得真实且具有深度。一个富有深度的角色不仅能使故事更加引

人入胜，还能让观众在情感上与角色产生共鸣。例如，艾莉亚·史塔克的复仇之路和她的成长过程，让观众既为她的坚韧和勇敢所感动，又对她的内心挣扎感同身受。这样的角色设定不仅增加了故事的情感厚度，也提升了观众的观看体验。

3. 设计有意思的情节

创造力可以帮助创作者将抽象的灵感和想法转化为可操作的情节和场景。通过细致的设计和不断的尝试，可以使故事更加完整和连贯。例如，《哈利·波特》系列通过细致入微的情节设计，将一个充满魔法和奇迹的世界生动地呈现在读者面前。从街巷的繁华到霍格沃茨的壮丽，从魁地奇比赛的激动人心到三强争霸赛的惊险刺激，每一个场景都经过精心构思和巧妙安排。将灵感具体化的过程是创作中最具挑战性的部分，但也是最能展示创作者能力的部分。这个过程不仅要求创作者具备丰富的想象力，还需要他们有能力将这些想象转化为具体可见的内容，使观众和读者能够身临其境地感受故事的魅力。

》2.7.5《 AI想象力和创造力的缺陷机理

AI 的创作能力依赖于其训练数据，这意味着 AI 的创造力是基于已有的数据和模式形成的。它生成的内容是对已有知识的再现，而不是创造全新的思想。现有的 AI 模型，其创新能力受到算法和数据的制约，无法突破数据和模型的限制来创造真正创新的内容。

图像生成

3.1 画面是电影的基本颗粒

》3.1.1《 每一帧都是一个画面

回溯电影的起源，最初的电影放映依赖于胶片放映机。这台神奇的设备通过极快的速度连续播放胶片上的静态画面，利用人眼视觉暂留特性，创造出连贯运动的幻觉。

随着科技的飞速发展，电影制作和放映技术经历了数字化革命。电影放映逐步从物理胶片过渡到数字文件。尽管放映方式发生了翻天覆地的变化，电影的基本结构却始终如一，整部电影由一系列镜头组成，而每个镜头又可以细分为一帧帧独立的画面。

这种"由点成线，由线成面"的形式，也为 AI 在电影制作中的应用提供了切入点。AI 工具可以在单帧画面生成、镜头转场优化等多个层面上大显身手。

》3.1.2《 画面是视觉叙事的核心

画面是电影语言的核心，也是导演最直接的叙事工具。在电影的视觉画卷中，每一帧画面都是经过精心设计的艺术品。演员的表演、服装、布景、道具、光影、色彩和构图等细节共同构建起每一帧画面内容以及画面风格，传递给观众更丰富的信息。

由奥逊·威尔斯执导的《公民凯恩》被认为是电影史上最伟大的作品之一，电影中每一个画面的构图和光影都经过精心设计。

在童年戏当中，导演巧妙地利用了长镜头与焦深镜头的技法，将门外嬉戏的小凯恩与门内三人对话场景清晰完整地拍出，这段戏清晰地交代了小凯恩之后的去向，也是小凯恩童年创伤的来源。

而独立画面的巧妙衔接，形成了电影独特的时空语言。通过蒙太奇的手法，导演可以通过精心安排的镜头组合，创造出超越单个画面的意义和情感冲击。

人人都可以成为导演

硅基物语·AI 电影大制作

　　再以希区柯克执导的经典影片《惊魂记》为例进行讲解。影片中的"淋浴谋杀"场景，堪称电影史上最著名的蒙太奇序列之一。希区柯克巧妙地避开了直接的暴力展示，而是通过快速切换的短镜头，交替使用眼睛、嘴巴、刀刃等细节的特写画面与淋浴间全景，这种克制反而增强了恐怖感，因为每个观众都在自己的想象中刻画这个可怕的场景。

　　画面不仅是技术和艺术的结合，更是电影语言的最基本表达形式。通过理解和设计每一个画面，电影创作者可以实现自身的创作意图，给观众带来视觉和情感上的冲击。

AI生成电影画面

　　观众观看电影时的第一眼视觉感受，就是来自画面的冲击。所以电影画面的视觉效果，往往影响着观众最直接的审美体验。在 AI 电影时代，利用算法渲染模拟现实或构建超现实的影像，无疑为电影创作者打开了巨大的想象空间。当我们在 AI 绘画工具中输入文本提示或上传图像时，一场从抽象到具象的奇妙转换就此展开。

✍ **第一步**：语义解析。

AI 首先将接收到的文本指令转换为机器可以理解的嵌入向量。在这个阶段，AI 会运用自然语言处理技术对提示进行深入分析，提取关键词和核心概念，完成从文字到数据的转换，为后续的图像生成过程做好准备。

✍ **第二步**：生成图像。

有了明确的目标后，AI 开始实际的图像生成过程。这个过程的起点是生成一个初始噪声图像。这个噪声图像看起来就像电视失去信号时的雪花屏，是由随机分布的像素组成的。虽然这个初始图像看起来毫无意义，但它为整个生成过程提供了必要的随机性和起点。不同的初始噪声可能会导致最终生成的图像有细微的差异，这也是 AI 生成图像富有创意和多样性的原因之一。

✍ **第三步**：逐步细化。

接下来，AI 模型开始对这个噪声图像进行逐步细化。这个阶段是整个过程的核心，涉及复杂的深度学习算法。模型会根据之前分析的文字提示，对图像进行多次迭代修改。每次迭代都会使图像更接近用户的描述。这个过程可以类比为艺术家先勾勒出画作的大致轮廓，然后逐步完善。在技术层面，这个阶段可能会使用扩散模型（Diffusion Models）或生成对抗网络（GANs）等先进的机器学习技术，逐步将随机噪声转变为有意义的图像内容。

✍ **第四步**：完善细节。

当图像的基本结构形成后，AI 模型进入细节完善阶段。在这个阶段，模型开始添加更为精细和具体的细节，这包括精确的纹理渲染、色彩搭配、光影效果、材质表现等元素。模型会参考其训练数据中学到的大量图像特征，以确保生成的细节既真实又符合上下文。比如，如果生成的是人像，模型会注意到皮肤的质感、头发的流动感、眼睛的光泽等微妙细节。同时，图像的整体风格和氛围也在这个阶段得到加强，使之更符合输入的初始描述。

✍ **第五步**：最终成像。

最后，经过多轮迭代和细化，AI 系统生成最终图像。在这一阶段，系统可能还会进行一些后期处理工作，比如调整图像的分辨率，应用一些滤镜效果，或者进行颜色校正等。这些处理是为了进一步提升图像的视觉质量和美感。最终，输出一张高质量的、符合用户提示要求的图像。

这个复杂的图像生成过程涉及了自然语言处理、深度学习、计算机视觉等多个前沿技术领域的成果。各种 AI 图像生成模型在具体实现细节上可能有所不同，但都是基于这样的原理开发的。接下来，让我们一起探索一些广受欢迎的 AI 绘画软件的使用方法，学习如何将创意构想转化为一幅幅生动的电影画面。

③.③ Midjourney生成电影素材

Midjourney（简称 MJ）是一款备受瞩目的 AI 图像生成工具，于 2022 年问世。用户只须在 Discord 平台上与 Midjourney 机器人交互，输入文本提示，即可完成从经典电影风格的重现到未来主义场景的构建等多种操作。

提示词的运用

MJ 官方给出的关键词一共由图像提示、文本提示、参数三个部分组成，可以包括一个或多个图像 URL、多个文本短语以及一个或多个参数。基础提示可以是纯文本描述，也就是文生图；或者使用"图片 URL 网址 + 文本 + 参数"，也就是常说的垫图。

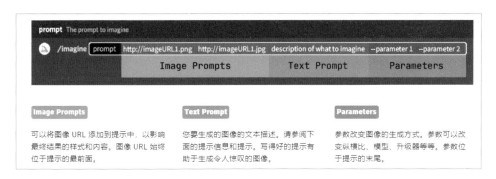

提示词要素

为了引导 MJ 生成符合我们期望的优质图像，MJ 提示词基本的公式信息可以概括为 6 个部分，分别是图像网址、画面内容、画面风格、画面构成、画面质量和参数设置，下面我们来拆解每一个部分。

图像网址 + 画面风格 + 画面内容 + 画面构成 + 画面质量 + 参数设置

（1）图像网址

第一个部分图像网址也就是 URL 图像链接。有时我们会想生成一些类似风格和场景内容的图片，但是单纯依靠提示词生出来的图片并不理想，这时候可以用垫图的方式给 MJ 一个参考。

https://s.mj.run/uQcMg6I4aHs https://s.mj.run/6e9KYMxJeds a screen showing three game options, in the style of cybernetic sci-fi, light purple, manticore, fragmented icons, packed with hidden details, light academia, sharp focus --ar 16:9 --s 250

　　获取图像链接有两种方法。第一种方法：如果你在网上看到一个不错的图片，网址是以 JPG、PNG 或 WebP 格式结尾，可以直接复制网址到对话框中，再添加提示词生成图像。

　　遇到其他格式的图片，可以使用第二种方法：将图片下载到本地，转换格式后双击对话框左下方的加号，或单击加号选择"上传文件"，并在弹出的窗口中选择想要上传的图片。

　　上传后，回车发送给 MJ 机器人。完成后在对话框中输入"/imagine"，然后将图片拉入对话框，图像 URL 网址就会自动填入对话框中了。这里需要注意的是，垫图的 URL 网址需要和文本提示之间用空格的方式隔开，后面输入的文本描述词之间，则需要以逗号和空格隔开。

https://s.mj.run/M23dJBj2o_4 https://s.mj.run/m7tFnU8gp7Y a silicon-based super AI meditating : : 5, Doomsday Style, Mystery, Stream of Consciousness, Cyberpunk Style, 8K, Special Effects, --ar 16:9 --s 250

也可以输入多张图像给 MJ 参考，图像链接之间记得也用空格隔开。

https://s.mj.run/RQcUNytjcIA https://s.mj.run/Xf0Um1e4oz0 https://s.mj.run/xFSF9wAdJIA In the end of the world, a beam of light shines down, the crowd cheers, ultra-clear, intricate details, --ar 16:9 --s 750

通过仔细对比垫图的两张参考图片，可以发现尽管在提示词中并没有明确提到某些画面结构和特征，但 AI 模型却能够根据参考图片，创造性地将这些元素融入生成的图像中。

因此在 prompt 指令的格式中，图像 URL 和文本提示词可以说是同等重要的。

（2）画面内容

接下来就是第二个要素画面内容，也是提示词的核心，它决定了图像要表现的主体、场景、事物等核心内容，包括主体描述和环境描述两个部分。

主体描述可以包括主体特征，如年龄、性别、服饰、表情、姿态动作，等等。

观察下面的图片，可以看到提示词主体都是一个女生，没有设定"短发，戴眼镜"的女生各有特点，而 MJ 可以按照提示生成四张符合要求的图像。总之描述得越详细，MJ 返回的图像就越具体。

环境描述需要描述出整体的环境，比如所处环境在室内还是室外，并描述场景的特点，如天气、光线、氛围、色调，等等。

下面这个图像的提示词中，就强调了"巨大的环形空间结构。从结构的中心或侧面射出一道醒目的蓝色光束，象征着强大的能量传输。结构本身应发出明亮的绿光和蓝光"等画面细节。

Focusing solely on the colossal, ring-shaped space structure, This time incorporate a striking green light beam emanating from the center or side of the structure --ar 7:3 --stylize 250

（3）画面风格

第三个要素是关于画面风格，它对作品的视觉呈现和情感表达有着决定性的作用。

在绘画领域，我们可以参考现实主义、超现实主义、印象派、表现主义等各种经典流派的风格特点。

 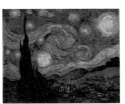 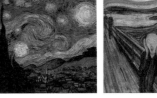

现实主义　　　　　超现实主义　　　　　印象派　　　　　表现主义

而在设计领域，赛博朋克、浮世绘、中式古风、动漫风格等也是广泛使用的风格参考。

| Cyberpunk style | Ukiyo-e style | Ancient Chinese style | chibi |

除了这些流派和领域的风格，我们还可以直接借鉴大师级艺术家或电影导演的个人风格，在提示词中用他们的名字加上"style"或"film by"，让 MJ 学习和模仿大师们独特的美学语言。

艺术家 +style / film by+ 导演

同一组提示词，分别使用诺兰和王家卫这两位导演的关键词，可以看出图像在视觉上有着明显的差异。

Film by Christopher Nolan

Film by Wong Kar-wai

（4）画面构成

第四个要素是画面构成，电影是由一系列独立镜头构成的视听语言，每个镜头在有限的时空中都肩负着特定的叙事功能。因此，在根据剧本进行分镜头绘制时，我们要考虑到单个画面在整体叙事结构中的作用，并在设计提示词时嵌入关键词，来触发 AI 生成与叙事功能匹配的视觉图像。

构成画面的因素有很多，可以分为镜头的景别、角度、灯光、色调 4 个部分，接下来，就让我们一一揭开这 4 个部分在电影创作中的奥妙。

① 景别

首先是景别。在开始拍摄之前，导演们通常会设计镜头列表来构思影片中每个镜头所需要的景别。常用的景别有 4 个。

a. 远景（Establishing Shot）

远景镜头常用于开启某个场景，甚至整部电影，表现人物与环境的关系，或者用于场景过渡。

b. 全景镜头（Full Shot）

全景镜头也用于阐明场景中人物的位置以及他们彼此之间的关系。《教父》第二部中，克里昂家族围坐在餐桌旁共进晚餐的场景就大量采用了全景镜头，用于强调家庭成员之间的亲密关系。

c. 中景镜头（Medium Shot）

第 3 个是中景，中景镜头的典型构图是从腰部开始，直到头部上方。人物占画面的比例较大，它捕捉的人物大小比例与我们日常与人交往时相似。侧重于表现人物的表情、肢体语言和相互关系。

d. 特写（Close Up）

第 4 个是特写，用来突出情感变化或戏剧性节奏。在特写镜头中，观众可以近距离地体会角色的思想和情感。

在 MJ 生图过程中，如果对特写或中景镜头下人物面部的细节表现感到满意，但同时又想展示主角身处的环境背景以丰富画面信息时，可以使用扩图功能，对已生成的图像进行景别调整。

单击扩展图像下方的"Zoom Out"选项，根据需要选择放大的尺寸来调整画面整体的景别。

除了这 4 个基础景别，还可以根据需要调用不同的景别提示词，来拓展视觉表达的维度，赋予画面更深层次的内涵。

Extreme Long Shot/ Extreme Wide Shot	极远景镜头/大广角镜头	Medium Shot	中景镜头
Establishing Shot/Wide Shot	远景镜头/广角镜头	Medium Close-Up	中特写镜头
Full Shot	全景镜头	Close-Up	特写镜头
Medium Long Shot	中远景镜头（3/4镜头）	Choker	项圈镜头
Cowboy Shot	牛仔镜头	Extreme Close-Up	大特写镜头
Macro Shot	微距	Headshot	证件照

② 角度

第 2 个因素是镜头的角度。如果说不同的景别和构图是为了分隔出被拍摄的物体或人物，那么角度则关乎我们看待被摄对象的态度。下面来看几种常见的角度。

a. 水平镜头（Eye Level）

首先是水平镜头，也是最常使用的拍摄角度。对于观众来说，水平角度是观察一个角色最自然的高度，适合拍摄人物对话、纪实场景等内容。

b. 高角度镜头（High Angle）

接下来是高角度镜头，就是把摄影机放在被拍摄对象的上方，也可以叫作俯视镜头。高角度镜头通常用于削弱某个人物，使他显得脆弱或易受伤害。高角度拍摄中的一个极端例子使用航拍，通常用于构建环境、城市风景，或呈现角色在更大的背景世界中的运动。

c. 低角度镜头（Low Angle）

与高角度镜头相对的是低角度镜头，也就是从被拍摄对象视线之下向上拍摄的镜头，也可以叫作仰视镜头。仰视的角度可以是轻微的，也可以是极端的，拍摄对象不局限于人类主体，但效果通常一样。低角度镜头常常用于使被摄主体看起来更强大，非常适合拍摄英雄，或者反派角色。

d. 倾斜镜头（Dutch Angle）

还有一种故意打破平衡的倾斜镜头，就是让镜头倾斜一定的角度，形成不水平影像。这种镜头会让人感到不安与狂躁，因此可以用于加强紧张感。

e. 主观镜头（Point of View Shot）

最后是主观镜头，也就是让摄影机模拟人物的视角，展现人物眼中的世界。这种角度能够直接表现人物的主观感受，制造出强烈的代入感和紧张感。

Eye Level	水平镜头	Over-the-Shoulder Shot	越肩镜头
High Angle	高角度镜头	Bird's-EyeViewer/Top Shot	鸟瞰镜头/顶部镜头
Low Angle	低角度镜头	Point of View Shot（POV）	主观镜头
Dutch Angle/Tilt	斜角镜头	Reaction Shot	反应镜头
Reverse Angle Shot	反打镜头	Two Shot	双人镜头

还有一些其他常用的镜头角度，针对不同的景别，构图和角度也可以任意组合。在传统电影拍摄中，导演会灵活使用更多的组合镜头来表达意图。

③灯光

画面构成的第 3 点是灯光，恰到好处的灯光设计，能够有效塑造氛围，提升画面的艺术表现力。

a. 基础灯光角度

首先基础灯光角度，有正面光（frontlight）、侧面光（sidelight）和背景光（backlight）。使用不同方向的灯光，人像体现出的氛围感也会有所不同。

b. 专业灯光

除了可以操控灯光方向，还可以通过更多专业的灯光去营造各种精彩的画面氛围和塑造立体的人物形象。

我们从环境光、光源特征、光影等方面对灯光进行一个简单的分类，在调用提示词时挑选使用。

环境光	自然光（Natural light）、太阳光（Sunlight）、黄金时间光（Golden hour light）、日落光（Sunset light）、电影光（Cinematic light）、影棚光（Studio light）、戏剧光（Dramatic light）、立体光（Volumetric light）
光源特征	硬光（Hard light）、柔光（Soft light）、逆光（Back light）、侧光（Side light）、温暖的烛光（Warm candle light）、冷冽的月光（Cold moonlight）、闪烁的霓虹灯（Flickering neon light）
光影对比	强烈的明暗对比（Strong light and shadow contrast）、明暗对照法灯光（Chiaroscuro lighting）

④色调

第 4 点是色调。色调是最直观、最感性的视觉元素，导演对色调的选择与把控，往往体现了他对电影主题的深刻理解和艺术诠释。鲜艳明亮的色调，常用于表达生命的律动与希望；而暗沉晦涩的色调，则常用于表达人性的阴暗与困顿。色调也可以作为时间和空间的区分，例如《黑客帝国》中，绿色代表数字矩阵世界，蓝色是现实世界。

MJ 生图的过程具有随机性，可能生成完全不同色系的图片。

直接在提示词中添加导演的名字，可以让 MJ 模仿其个性化的电影色调，也可以添加这些色调的提示词，实现画面色彩统一。

冷色调调色	Cool-toned color grading
柔和调色	Pastel color grading
明亮调色	Bright color grading
鲜艳的调色	Vibrant color grading
柔和调色	Muted color grading
霓虹灯调色	Neon color grading
暖色调调色	Warm color grading
双色调色	Duotone color grading

这里是一些常用的要素提示词参考，但在实际应用中一段提示词内并不一定要包含每个要素，有时适当的"减法"反而能产生意想不到的"加法"效果。

（5）画面质量

画面质量影响着图像的清晰度、细节丰富度、真实感等技术指标。

中文	英文
FHD,1080P,4K,8K,1080P	FHD, 1080P, 4K, 8K, 1080P
高细节	High detail
高品质	Hyper quality
高分辨率	High resolution
超高清画质	Ultra HD picture quality
超现实主义	Surrealism
虚幻引擎	Unreal Engine
渲染器	Octane Render/Maxon Cinema 4D
建筑渲染	Architectural visualization
室内渲染	Interior Render
真实感	Quixel Megascans Render

这里是一些常用的画面提示词，可以在生图的过程中尝试使用。其中 4K、8K 是指定图像的分辨率大小，通常分辨率越高，图像越清晰细腻。

（6）参数设置

最后一个是参数设置。参数的种类比较多，功能抽象，主要作用是调整图片的属性，约束机器人的作图范围。每个参数发挥的作用和功能各不相同，它们通常作为提示语的后缀放在关键词 prompt 的最后。

https://s.mj.run/ZbgFJvW9zyk Close up, Wormhole at the end of space-time:: 4 , Ultra Futuristic Tech Virtual Scene Sense, Sci-Fi World:: 3 , Depth of Field, Perspective, Cinematic Lighting, Scene, UHD, Ultra Sharp, 64K, Cinematic Lighting, Telephoto Shot, Sci-Fi, Movie, Nolan Director Style, League of Legends Style:: 2 , Mystery, Stream of Consciousness, Cyberpunk Style, 8K, Special Effects, --s 250 --ar 16:9

参数命令一般以"-- 字母 + 数值或其他"的形式出现,简单的参数可以是一个,复杂的参数可以是多个,各参数间使用空格隔开。比较常用的参数是 --ar 比例参数和 -- iw 权重参数。

其他的参数指令,你可以在生成过程中尝试使用它们。

命令	说明	默认	范围	示例
--ar	长宽比	1:1	/	--ar 16:9
--stop	停止百分比	100	10~100	--stop 50
--q	图片质量	1	0~2	--q 2
--s	美学风格	100	0~1000	--s 500
--c	混乱	0	0~100	--c 50
--v	模型版本	6	1~6	--v 6.0
--no		/	/	--no flower
--niji	动漫风格	/	4~6	--niji
--tile	四方连续	/	/	--tile
--iw	图像提示权重	0.25	0~3	--iw 2
::	提升词权重	1	1	hot.:2 dog:1
--seed	随机种子	随机	0~4294967295	--seed 888

提示词是你与 AI 工具进行高效"沟通"的关键,通过学习和掌握提示词公式的 6 个核心部分,就能够在使用 AI 图像生成工具时,更加清晰、准确、全面地描述你想要的画面细节和风格要求,生成更加符合预期的高质量图像了。

3.4 进入SD的无限世界

Stable Diffusion(SD)是一款开源的 AI 绘画软件。开发者们创建了一个基于浏览器网页运行的界面,即 Stable Diffusion web UI,它将各项参数转化成了非常直观的选项、数值与滑块,操作起来更加简单。

≫3.4.1≪ 软件页面介绍

我们先了解一下 SD 软件的页面布局,这里主要是模型的快捷选择栏。

单击下拉箭头，可以看到一些已经装载的模型。

模型旁边的 VAE 是一种类似于滤镜的存在，和模型搭配使用效果更好，可以将特定模型的 VAE 改成和模型同样的名称，便于针对模型自动切换 VAE。

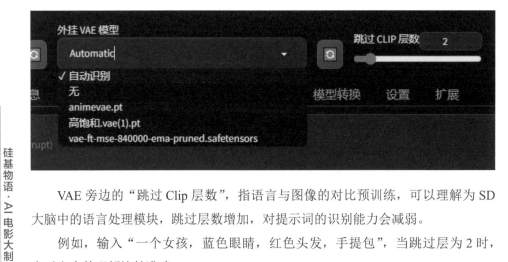

VAE 旁边的"跳过 Clip 层数"，指语言与图像的对比预训练，可以理解为 SD 大脑中的语言处理模块，跳过层数增加，对提示词的识别能力会减弱。

例如，输入"一个女孩，蓝色眼睛，红色头发，手提包"，当跳过层为 2 时，它对文本的理解比较准确。

当把跳过层拉高，它对文本识别就渐渐模糊了，没有出现手提包，也没有识别到蓝色的眼睛。

模型下方的区域为功能区，最常用的绘图方式是文生图和图生图两种功能。

接下来，我们就开始学习 SD 的一些基本操作和常用的功能。

》3.4.2《 文生图

首先来到文生图的操作页面。可以看到输入提示词的区域就在选项栏下方。提示词就是你想要的画面，反向提示词是你不想要的元素，语法则类似于Midjourney，但一定要用英文书写，以词组为单位，词组间需要插入逗号"，"作为分隔符。

1. 正向提示词的使用方法

书写提示词的思路是先定一个核心主题，然后不断细化其中的细节。在下图的提示词中，可以看到很多"（）"这样的小括号或者括号加数字，作用是增强或减弱提示词的优先级和权重。

（positive active）：一个括号代表权重为原来的 1.1 倍。

（（positive active））：双层括号就代表权重为原来的 1.1×1.1 倍。

（positive active:1.5）：括号加引号和数字 1.5，代表权重为原来的 1.5 倍。

如果想要削弱某个提示词权重，使用中括号或者小括号加数字即可。

[positive active]：中括号代表权重为原来的十分之九。

（positive active:0.6）：小括号加 0.6，代表该提示词权重削弱到原本的十分之六。使用数字可以进行准确微调，使用中括号则更加方便。

2. 反向提示词的使用方法

如果你不想让生成的画面中出现某些元素，就可以把这些提示词放到反向提示词框中。

（没加反向提示词）　　　　　　（加了起手式反向提示词）

通用的反向提示词有：（最差的质量），（低质量），不良比例，（（模糊）），jpeg

伪影，（多余的手指），（皮肤斑点），等等。

使用这些反向提示词可以最大限度避免出图过程中的失误，减少后期修改的时间。

3. 出图参数

提示框下方的功能区左侧第一个"Generation"是出图参数。

首先是"采样迭代步数"，意思是通过多少步来完成绘图的过程，一般 20~30 步就可以了，增加步数意味着需要更多的生成时间。

接着是"采样方法"，它代表不同的画图模式，通常使用的是 DPM++ SDE、Euler a、UniPC 这几种，其中在生成写实人像的时候 UniPC 的出图效果比较好。

接着是"高分辨率修复",勾选后会出现许多功能,如"放大算法""放大倍数",等等。

这些参数的作用是将你设置图像的尺寸,按照放大倍率放大后进行重新绘制。这可以让生成的图片更精致、更富有细节。

- "放大算法"和"迭代步数"类似绘图的"采样方法"和"迭代步数",不建议调得过高,避免花费大量时间。重绘幅度也是如此,稳定值在 0.5~0.7,如果幅度过高,画面可能会和原图产生很大差异而且效果不好。

- "放大倍数"取决于显存的情况,如果显存比较大可以选择 2,显存比较小可以降低一点放大倍数。

- "宽度"和"高度"是调整分辨率的方法,推动滑块,分辨率可以随意扩展。

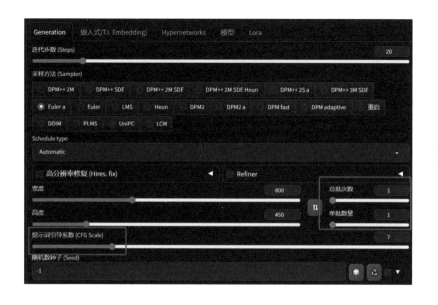

接着是批次与数量，"单批数量"就是生成图片的张数，如果是1，就表示1次1张，如果想一次画3张，也可以设置总批次数为3。一批次生成不同数量的图所需要的显存是不同的，如果电脑显存较大，可以使用一批次多图，如果显存有限，还是推荐一次生成一张图。

后面是"提示词引导系数"，系数越高，生成的图像和描述语的趋近程度越好。

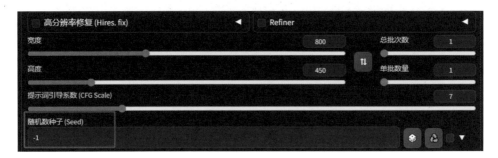

最后是"随机数种子"。随机数种子可以理解为一张图像的DNA，使用参考图像相同的随机数种子、文本描述词和模型，大概率可以生成一张和原图相似的图片。

4. 插件模型

Generation后面是一些进阶的插件模型，例如"嵌入式向量（Embedding）"。下载对应模型后放入Embeddiing文件夹当中，它可以帮助你生成特定人物，或是设计人物三视图以及修复影响图像低质量的问题。

其次是"超网络（Hypernetworks）"，你可以通过超网络模型让AI学习一些原本不存在于其"世界"里的东西，并且一步到位地描述清楚。超网络模型一般用于改善生成图像的整体风格。

接着是"Lora"，调用 Lora 可以在不改变原始大模型的情况下，让 AI 学习和适应特定的视觉风格、概念或对象，改善特定类型图像的生成质量。

在最底部，可以根据需要调整已安装插件的参数设置。

»3.4.3《 图生图

学习了文生图的这些设置后，就已经掌握了 SD 的基础使用方法，接下来我们学习图生图。

图生图功能下的参数和文生图基本一致，但多了上传图像的功能区以及反推提示词的选项。

我们在左下角上传一张图片，预设提示词后面会出现三个新的按钮，第一个别针图标是使用 CLIP 神经网络分析原图，单击一下它就会自动识别图片填入提示词文本。

第二个小纸盒图标，是使用 DeepBooru 神经网络自动识别画面生成提示词。

第三个蓝色旋转按钮是用于恢复进度。

其实图生图就是在原图基础上进行再创作。也可以通过调整提示词的方法进行修改，生成想要的画面。例如，改一下这张图的提示词，单击生成，可以看到新生成的图片根据提示词进行了调整，如果变化不大，也可以试着提高一下重绘幅度。

»3.4.4« 局部重绘

SD 有局部重绘功能，可以针对图片某个区域进行覆盖重画。首先在文生图区域用文字生成一张女孩的照片。

接着把图片上传到图生图区域，然后改一下提示词，反向提示词可以使用"生成"下的按钮中的"预设"来进行修改，正向提示词添加一个"wear black glasses"。

然后在"局部重绘"中上传这张图像。

用画笔在图片上涂出黑色区域来覆盖要重绘的部分。最后单击"生成"，如果效果不好，可以增加一些批次，多次出图。

SD 的基础使用方法就介绍到这里。相信你已经感受到 SD 的绘图潜力，在此基础上继续探索，可以尝试更多有趣的技巧和玩法，生成精彩纷呈的 AI 艺术作品。

自然语言算法绘图

以 DALL·E 为代表的文生图模型，可以根据你的文字描述，比如场景、人物、风格、色彩等细节生成精准且丰富的图片。

》3.5.1《 提示词设计

首先是提示词设计。对于绘画领域的新手来说，设计出优质的提示词可能是一个不小的挑战。但别担心，有了 AI 的加持，这个过程将变得简单而富有创意。

我们可以先给 AI 设定一个角色。

Q: 你是一位专业的AI 绘画提示词助手，负责根据用户提供的图片元素，如图片主题、背景、图像类型、艺术风格以及长度等信息，生成优质的AI绘画提示词。

AI: 好的，我明白了！请提供你想要生成的图片的详细信息，包括主题、背景、图像类型(如插画、照片等)、艺术风格(如现实主义、抽象等)，以及任何其他你想要包含的元素。我会根据这些信息为你生成详细的AI绘画提示词。

接着，我们可以输入想要生成的图片关键信息。等待一会儿它就会根据你的提示生成一条较为完整的 prompt。

Q: 1.主题：未来城市。

2.背景：在星球的表面，有高耸的摩天大楼和飘浮的车辆。

3.图像类型：风景画。

4.艺术风格：赛博朋克风格，带有强烈的科技感和未来感。

5.特定细节：夜晚场景，霓虹灯光，城市中有多样化的居民，包括人类机器人和外星生物。基于这些内容，生成一段完整的 AI 绘画提示词。

AI: 以下是一段完整的AI绘画提示词：

在一个遥远的星球表面上，一座壮丽的未来城市在夜晚的星空下熠熠生辉。高耸入云的摩天大楼划破天际，每栋建筑都被各种色彩的霓虹灯光装点，散发出浓厚的赛博朋克风格。飘浮的车辆在空中有序地穿梭，形成了一幅充满活力的动态画面。建筑物设计前卫，充满直线和尖说的角度，同时融合了高科技元素，如全息广告牌和闪烁的 LED 屏幕。轻微的烟雾在街道上弥漫，霓虹灯的光线穿透其中，营造出一种神秘而迷人的氛围。这幅风景画不仅展示了先进的科技和多样化的居民，还通过赛博朋克风格的呈现，让人们感受到未来世界的无限可能和惊奇。

然后让 AI 根据这个整理过的关键词直接生图就可以。

AI:

新的图片已经生成。请查看是否符合你的预期，如果有任何需要调整的地方，请随时告诉我！

也可以反过来，利用 GPT 的图像识别功能，上传单张或多张图片后命令它分析图像的信息。

Q: 分析这是什么风格的图像，并给出prompt。

AI: 这幅图像呈现出一种黑暗而神秘的科幻风格。画面中的场景位于一个未知的星球表面，两个穿着兜帽长袍的神秘人物站在荒凉的地形上，背对着观众，凝视着远处巨大的星球和璀璨的星空。整体色调偏冷，营造出一种寒冷和孤寂的氛围。雾气弥漫在地面上，增添了画面的神秘感和超现实主义。

基于这个分析，可以生成以下prompt：

On the surface of a distant, desolate planet, two cloaked figures stand side by side, gazing into the vast, star-filled sky. The scene is set in a cold, mysterious landscape with jagged mountains and swirling mist that enhances the eerie atmosphere. Above them, a massive planet looms, its details visible against the night sky, adding a sense of otherworldliness. The overall mood is dark and enigmatic, with the cold, blue-green tones contributing to a sense of isolation and the unknown. The figures, shrouded in dark, hooded robes, add to the intrigue, leaving their identities and intentions a mystery.

　　根据 AI 生成的提示词，再继续命令 AI 按照这段提示词生成图片，或者在提示词的基础上进行修改后生图。

》3.5.2《 基础生成指令

　　第二个是基础生成指令技巧，可以直接输入剧本让 AI 发挥想象去生成图像。例如输入提示词"寻找宇宙中更深邃的知识的图片，比例 16:9，需要有公式元素和有知识的感觉"，多生成几次，AI 就有可能带给你一些意想不到的惊喜。

Q： 帮我生成这句话：寻找宇宙中更深邃的知识的图片，比例16:9，需要有公式元素和有知
识的感觉。

AI：

Here's the image based on the theme " 寻找宇宙中更深邃的知识 ." Let me know if
there are any adjustments or additional elements you'd like to include!

DALL·E 的生图特点就是对描述的理解和应用比较准确。因此，指令词里的
要求可以包括比例、风格、主题，制定要求后生成的图片细节通常会令人满意。

»3.5.3« 进阶指令技巧

当我们手头有大量文本内容需要生成图像时，不妨尝试一种更进阶的玩法。
可以将前面学到的技巧相结合，大幅提高创作效率。

首先，我们可以将冗长的文本内容切分成若干个简短的段落，加上提示词一
起发送到提示框。这样一方面便于 AI 更精准地理解和分析每个片段的主题和语义；
另一方面，我们也可以更灵活地选取、组合不同的段落，探索更多的创作可能。

Q： 第一段： 40亿年前，节点文明将连绵上亿光年的星域链接起来，

第二段： 并在上面建立开源、透明、公正的 API 接口，

第三段： 以去中心化的方式，让更多的文明以和平、共享、同利的方式实现整体进化，

第四段： 成为宇宙中声名远扬的"进化引擎"，

第五段： 每一个接入的文明都会高速发展，

第六段： 所以被各级文明尊称为"丝绸之路"。

你好，我有一段内容分成了 6 段，6 段内容需要每段单独修改为一个生成图片的简要内
容文字形式，要求有故事性、创造性、与内容贴合。

AI: 当然！以下是每段内容的生成图片简要描述，突出故事性和创造性：

第一段

"40 亿年前，节点文明将连绵上亿光年的星域链接起来"

生成图片描述：展现一个宏伟的宇宙网格，古老的星际文明用炫目的光束连接起广袤的星系和星球。画面中，光线如丝带般穿梭，展示出这项伟大的技术成就。

第二段

"并在上面建立开源、透明、公正的 API 接口"

生成图片描述：描绘一个高科技宇宙中心，中央是一个大型的透明数据接口装置，周围飘浮着带有信息流的全息屏幕。图中展示各种数据流动和开放接口，象征开源和透明。

AI 每次回复的字数有限，如果你发现回答中断了，只需简单地回复"继续"，它就会接着上一部分的内容，继续生成后面的段落。这样，我们就可以获得每段文本的图片内容文字。

AI: 第五段

"每一个接入的文明都会高速发展"

生成图片描述：展示

Q: 继续

AI: 第五段

"每一个接入的文明都会高速发展"

生成图片描述：展示多个星球的迅猛发展，从荒芜到繁荣的转变。画面中，各种先进的城市和建筑在星球表面迅速崛起，科技飞船穿梭于繁忙的宇宙中，体现出这些文明因接入进化引擎而加速发展的壮丽景象。

第六段

"所以被各级文明尊称为'丝绸之路'"

生成图片描述：展现一条光辉灿烂的星际大道，贯穿多个星系，各级文明的标志和旗帜装饰在这条光路两侧。画面中，宇宙飞船和探测器沿着这条"丝绸之路"平稳航行，象征着不同文明间的和平与繁荣。

接着根据它提供的文字修改我们的提示词模板，再输入对话框。

Q: 根据我所描述的内容生成一张图片，科幻风格，画面内容是"展现一个宏伟的宇宙网格，古老的星际文明用炫目的光束连接起广大的星系和星球。画面中，光线如丝带般穿梭，展示出这项伟大的技术成就"。要求图片质量高，图片内容引人深思，眼前一亮，具有创意性，图像长宽比为16:9。

AI:

很快 DALL·E 就给出了一张符合要求的图像，重复这个流程，把 AI 提供的提示词套入模板主体里，就能快速生成风格统一的系列图像了。

»3.5.4« 图片添加文字

第四个技巧是在图像上添加文字。可以在图片生成后继续输入"屏幕上要出现 ×× 的字样"这样的关键词指令。

Q: 屏幕上要出现"Turing Dream"的字样。
AI:

以 DALL·E 为代表的 AI 绘图工具，在电影制作中展现出显著优势。它们能快速将文本描述转化为高质量视觉内容，大大提升概念设计和视觉开发的效率。它们对复杂概念的准确理解和细节把控能力，更是为电影视觉效果的前期构想带来革命性变化。

③.6 AI电影中的画面设计

熟悉了基本软件的配置和使用方法后，就可以正式开始结合剧本和分镜表来利用各种 AI 绘画工具创造 AI 电影的画面了。一般可以通过扩写法、工具辅助法和参考图像法三个方法来获得想要的画面效果。

》3.6.1《 角色设计

首先，可以使用扩写法，在脑海中丰富需要生成的人物形象。

人物形象设计有三个方面的技巧。

技巧一：确定角色的核心特质。

每个角色都需要有动机，这是他们行动的驱动力。假设，电影（剧本）的主角是一位 30 岁的男性外星战士，他的目标是**保护他的家园免受外星入侵者的侵害**。这就是他这个角色的动机，驱使他不断前进。

技巧二：角色的社会背景。

然后，我们需要思考角色的社会背景，也就是他经历了什么。一个人的背景对其性格和行为有重要影响。可以从**家庭环境**和**教育成长经历**两个因素来考虑。

技巧三：性格与外貌设计。

结合上述两个技巧，可以再去描述角色的**外貌特征**和**性格特征**。

想好这三点，你就可以大致得到这个角色的基本画像了，其中包括年龄、性别、种族、特征、人物背景，等等。

年龄：30岁	性别：男性
种族：具有人形特征的外星人	皮肤：金属蓝色
眼睛：发光的绿色	头发：无
核心特质：冷酷、战略性、无所畏惧	家庭背景：孤儿，从小被军队收养
教育和成长经历：受过严格的军事训练，精通战术和技术	性格特征：沉着冷静，善于分析和决策
表情：扑克脸	

设计好人物背景，就可以尝试着生成角色的初步形象，得到一个基础的角色外观。可以使用不同的 AI 绘画工具，分别生成后择优选取。

确定初步的角色形象后，就可以进一步细化角色的服装和造型，使其更符合电影的主题和背景。

》3.6.2《 场景深度构建

1. 扩写法

在完成角色塑造后，我们需要为这个角色打造一系列高质量的场景图像，增强电影的视觉效果。还是拿外星人角色作为例子，对于这样的一个外星物种，我们的场景设想包括环境、情感氛围、关键道具等。

环境：荒凉的外星战场，遍布着废墟和外星植物，天空中布满了战斗飞船。

情感氛围：紧张，战斗中。

关键道具：战斗飞船残骸，高科技掩体，激光武器。

设想完成，接下来就可以开始生成。生成的过程中再根据需要对场景光照、色彩、元素等细节进行调整，使场景更加逼真和生动。

2. 参考图像法

当然你也可以选择一个贴近你想象中想要的真实场景作为垫图基础，利用 MJ 垫图方式进行操作。推荐用 --iw 和 URL 图像链接两种方式同时操作，添加必要的元素和效果。

https://s.mj.run/_zckVxOPumk https://s.mj.run/2QIfmlYsPUw Distant view, three-body style, UHD, cinematographic lighting, telephoto lenses, sci-fi film: :3, mystical, stream of consciousness, cyberpunk style, 8K, special effects, --ar 16:9 --c 7 --s 750

    按照这样的思路，就初步生成分镜脚本中的关键角色和场景了。

主持者虫洞文明	苏醒吧，审核者。审核不仅是寻找错误，更是发现真理的过程。审核是忠诚的标志，诚信是审核灵魂。审核开始吧！
拾荒者文明	信息透明度要达到90%以上才能接入，该文明信息完全不透明。
A38文明	地球文明使用的是10亿年前的非法接口，反对接入。

再来看第二个角色：拾荒者文明。

根据我们的思路，先要根据角色的背景赋予故事和想象。

按照故事背景介绍，这个节选的场景应该是多个高维审核文明的审核过程，拾荒者作为参与者之一，具体长相没有细说，所以我们得发挥想象力，或者用工具辅助法让 AI 去想象。

Q: 高维审核文明中拾荒者文明，根据这些描述给我生成一个prompt词，末尾要包含比例 --ar 16:9。

AI: 好的，以下是根据描述生成的详细prompt词:

A powerful figure from the Scrapper Civilization stands in a high-dimensional realm.blending ancient and high-tech aesthetics. He wears rugged, tattered clothing with patchesof advanced armor and collected trinkets. His strong, agile body hints at countless missionsacross dimensions. His skin has a metallic sheen, suggesting an otherworldly physiology.A staff-like high-tech device in his hand controls varioustechnologies. The entire scene has a dramatic and immersive feel with a strong sense ofdepth and perspective --ar 16:9

然后可以让 AI 总结一个 prompt，这样会更方便生图，得到形象设计之后，就可以让 AI 绘画工具进行图像创作。

多生成几次，从中选择多角度的镜头，可以让这个角色在说话的时候画面不这么单调。如果形象对了，颜色有差别也没关系，这些后期都可以进一步微调的。

《2140·丝绸之路》素材：拾荒者文明剧照

按照这个方法，我们就可以一步步完善分镜表格。

镜号	画面	星别	时长（秒）	场景	人物及内容描述	台词内容		声音
1					主持者虫洞文明	苏醒吧，审核者。审核不仅是寻找错误，更是发现真理的过程。审核是忠诚的标志，诚信是审核的灵魂。审核开始吧！		
2					拾荒者文明	信息透明度要达到90%以上才能接入，该文明信息完全不透明。		
3					A38文明	地球文明使用的是10亿年前的非法接口，反对接入。		

接下来，我们以使用 AI 工具制作的一部微电影《2140·丝绸之路》进行说明。

3.7 实例分析：《2140·丝绸之路》的画面构建

"2140"的思想源点，是一段贯穿 138 亿年的宇宙往事。

而丝绸之路，是这 138 亿年故事线中的一个重要的分支。

40 亿年前，节点文明将上亿光年的星域连接在一起，搭建了一个开放、透明、公正的技术框架，奉行和平、共享、同利理念，以分布式治理的方式，让更多文明接入该星域实现共同进化。丝绸之路不仅连接星际文明，更象征着智慧与技术的极致融合。通过这条星际通道，文明可以实现资源共享、科技互助，甚至是文化的深度交融。

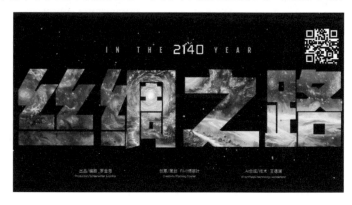

《2140·丝绸之路》AI电影片头素材

作为一个开放的星际网络，"丝绸之路"的设计理念不仅强调技术的先进性，还包含了和平共处、共同发展的价值观。这个通道不仅是物理上的连接，更是精神和道德的试炼场。每一个接入这条通道的文明，都必须通过严格的审核，展示出对和平与共荣的承诺。这条通道上的每一次连接，都仿佛是一场新的星际盛宴，汇聚了无数文明的智慧与梦想。

在前面的章节中，我们探讨了图像审美在电影中的重要性，分析了**构图、色彩、光影及叙事功能**等基本原则。这些元素不仅影响观众的视觉体验，还能深刻传达情感和主题。尤其在科幻电影中，画面的构建更承载着复杂的叙事与情感功能。

现在，让我们通过具体实例分析《2140·丝绸之路》的画面构建，揭示其如何通过视觉语言增强影片的叙事深度和情感共鸣。

》3.7.1《 故事梗概

工欲善其事，必先利其器。 在开始画面的创作前，我们先得了解这个故事的整个故事脚本是什么。脚本篇幅过长，这里总结了一下故事梗概。

在遥远的未来，地球文明面临着生存危机。人们发现了一条连接各个星域的"丝绸之路"，这是一个开放、透明的技术框架，承载着无数文明的希望与梦想。为了接入这条神秘的通道，宇航员们踏上了穿越宇宙的征程。他们经历了无数艰难险阻，面对来自其他文明的质疑与反对，以及隐藏在宇宙深处的未知威胁。

在接入过程中，宇航员们发现"丝绸之路"不仅是技术的连接，更是智慧与道德的考验。各个文明的审核过程充满了紧张与悬念，最终他们必须决定是否要冒险接入这条通道，以求生存与进化。随着接入进程的推进，真相逐渐浮现，暗藏深处的秘密也随之展开。

了解完这个故事梗概后，我们就可以进一步构建画面了。

》3.7.2《 构建《2140·丝绸之路》的画面

在构建《2140·丝绸之路》的画面时，我们首先要考虑每一个场景如何通过视觉元素传达出故事的情感和主题。

场面一：开场

> "40亿年前，节点文明将上亿光年的星域连接在一起，搭建了一个开放、透明、公正的技术框架，奉行和平、共享、同利理念，以分布式治理的方式，让更多文明生成入该星域实现共同进化。无数文明在这里编织了一幅跨越时空的文明史诗，这一星域因为宛如丝绸，被赞誉为'丝绸之路'。"

脚本的开头，展示了丝绸之路的前世今生和来龙去脉，所以它应该是宏伟的。这是许多文明的交织，所以可以想象一片无尽的星空，银河系如同丝绸般在画面中缓缓展开，星云与恒星排列整齐，色调以冷色调的蓝色和银色为主，传达出未来感和神秘感。

按照这个思路，总结出以下的关键词并放到 Midjourney 内生成，经过多轮筛选，我们选出了以下的画面作为开头：

> *Humanity, the universe, primitive civilization, the epic of civilization, the feeling that all star fields are connected into one road. Hand-drawn ink science fiction, movie, Nolan director style, ultra high definition, super sharp, 8K, FX, panorama, science fiction, movie, Nolan director style, mystery, stream of consciousness, ancient Egyptian art style.*

《2140·丝绸之路》素材：节点文明（1）

《2140 · 丝绸之路》素材：节点文明（2）

通过宏大的宇宙画面，立即将观众带入一个广袤而神秘的未来世界。银河系如同丝绸般在画面中缓缓展开，象征着连接各个星域的"丝绸之路"，为后续的故事情节做出铺垫。

接下来，**画面切换到外景**，展现"丝绸之路"的入口。这里**使用全景镜头**，展示一个庞大而复杂的星际通道，**入口处闪耀着金色的光芒**，象征着希望与未来。通过对比色彩的运用，冷色调的宇宙背景与金色的通道形成鲜明对比，增强视觉冲击力。

《2140 · 丝绸之路》素材：宇宙驿站

在脚本中，宇航员们通过对话表达了"丝绸之路"入口带给他们的震撼：

"你看这几十颗恒星，竟然被镶嵌成正弦波的全自动固定轨道，这力量太可怕了。"

《2140·丝绸之路》素材：晓族·地质学家

为了表现这种震撼，我们决定生成一张全景镜头展示入口的宏伟景象，并在通过色彩对比进一步强化视觉效果的同时，体现出每个星系共同联结的奇观。

《2140·丝绸之路》素材：正弦波恒星排列景象图

许多古老文明诞生在这条绵延上亿光年的星域中。那里强者林立，以去中心化方式，使更多智慧文明实现整体进化。

场面二：准备接入时，各个人物的反应画面

2140，这个存在多种可能性的生命世界，既存在碾压式文明，也兼容数据 Bug 算法。

这个世界，生命不单以碳基方式存在，文明交织多元发展，进入后，你将拥有不朽的身份。

人、神、AI、熵、晓、零六大种族，在面对接入时，每个人的画面描写也是十分精彩。

在这段各个人物的画面描写中，GPT-X所反映的内容（脚本如上）是我们设计画面时的重要依据。通过这一提示，我们决定用特写镜头展示这些人物的面部表情，让观众看到他们的紧张和期待。冷色调的光线打在他们的脸上，增强了这种紧张感。

然后，根据他们的台词、背景，给他们每一个人切换此时此刻是否要接入的特写镜头。

人物1：别废话，赶紧接入啊。

人物2：还等什么，这就是我们寻找的天堂！

人物3：我也感觉这像是阴谋，还记得大过滤器的告诫吗？

人物4：闭嘴！

根据设定，他们在飞船的不同地方，所以在生成他们画面的时候，记得要神态各异，但需要同样的灯光和风格。

这里生图的思路是：人物描述 + 统一的后缀。这里用的统一后缀是：Sci-fi, cinema, Nolan's directing style, mystery, stream of consciousness, ancient Egyptian art style, cyberpunk style, 8K, special effects, panorama。

《2140·丝绸之路》素材：人族·航天工程师

《2140·丝绸之路》素材：正在穿越星际渡口的AI族船员

《2140·丝绸之路》素材：人族·星舰中队长

《2140·丝绸之路》素材：AI族·生物工程师

统一冷色调的光线打在他们的脸上，突显出紧张与不安的情绪。操作屏幕上显示着接入进度条，界面设计充满未来感。光影的运用在此刻尤为重要，通过明暗对比，强调情节的紧张氛围。

通过对话以及氛围渲染，可以感受到在宇宙共同命运面前，六大种族以六个节点的方式实现连接，它们命运相连，价值共享。

场面三：科幻场景构建

为了增加影片的视觉美感和情感深度，我们在一些人物的旁白部分用了壮丽的科幻场景去填充。

例如**人族·星舰中队长说道：**

> 闭嘴！我们离开地球，穿越奥尔特星云，历经六体空间、魔法星球、中子星世界、时间螺旋、死亡文明这样的炼狱，到底是为了什么？不就是为了接入丝绸之路吗？

这里在对话中，我们根据每个场景的故事背景，生成了相对应的空镜头图片，展示了他们这一路走过来的世界，这些镜头不仅增强了影片的视觉美感，还能传达出宇航员们对未知世界的敬畏和探索精神。

《2140·丝绸之路》素材：飞船舰队准备前行

《2140·丝绸之路》素材：奥尔特云

《2140·丝绸之路》素材：六体空间　　　　《2140·丝绸之路》素材：魔法星球

《2140·丝绸之路》素材：中子星世界　　　　《2140·丝绸之路》素材：时间螺旋

《2140·丝绸之路》素材：死亡文明

除了上述的神秘宇宙景象，在这个电影中，也蕴含了一些特定的硬核概念镜头。

《2140·丝绸之路》素材：冯诺剧照

比如在**熵族克莱因船号第二任船长冯诺**的独白中，蕴含着许多概念，这些硬核点在小说中均有延伸，这里放出来的只是零星碎片。

这些镜头下蕴藏的是一些庞大的宇宙故事。

场面四：审核过程

接着影片进入关键时刻——审核过程，这里主要是各个文明代表，以及一些文明下的部落联盟对是否要接入丝绸之路所展开的审核讨论。在 2140 的世界里，九大文明共同链接，从低等文明到高等文明，从宏观文明到微观文明。

镜头下的每个文明代表的特写镜头展示了他们的独特特征。

例如死亡文明，他们的特点是将意识编码上传至超级计算网络，通过算法模拟意识间交互。

《2140·丝绸之路》素材：死亡文明剧照

虫洞文明作为各个文明的主持者，掌握 12 种虫洞技术，在宇宙帷幕上织就星际之网，能在 1000 光年内自由传递信息，他们的背景光线冷峻而明亮，突显出冷酷与理性的特质。

《2140·丝绸之路》素材：虫洞文明剧照

51% 管理者文明是秩序的守护者，担任监督和审计角色，确保智能合约的运行。

《2140·丝绸之路》素材：51%管理者文明剧照

在拾荒者文明的技术仓库中，每一块废铁都蕴藏着新生可能。

《2140·丝绸之路》素材：拾荒者文明剧照

集中使用集体或者个体的对称构图，或是强烈的光影对比，使讨论的紧张氛围显而易见。特写镜头不仅展示出不同文明代表的独特特征，也进一步丰富了画面信息。

场面五：最终决断

当各个文明审核讨论完毕，故事的最终决断时刻终于来了。此时的画面需要极具戏剧性。镜头对准船长的背影，他的脸部被屏幕的光线照亮，眼神坚定而充满决心。

背景音乐在此刻逐渐加强，充满力量的旋律伴随着他坚定的声音："接入，提交！"飞船缓缓进入的光影变化突显出这一刻的重大意义，金色的光芒开始在画面中蔓延，象征着希望的降临。

声音模拟

4.1 听一听卓别林的声音

卓别林的影片以其独特的视觉喜剧风格、深刻的社会评论和创新的电影技术而闻名。即使在有声电影时代，他仍然保持了自己独特的表现形式，成功地将默片电影的精髓与有声电影的优势结合起来，创作出了一系列经典作品。

但是我们难道不好奇给卓别林的影片加上音效和对话，会是怎样的观看体验呢？因此我们使用了目前的 AI 技术给卓别林的片段加入了声音音效。

（AI音效版）

同时我们也提供了原视频和添加了音效库音效的版本，看看有什么不同。

（音效素材版）　　　　　　　（卓别林原版）

在观看的时候读者可以同时思考下整个制作流程是怎样的，然后对比接下来的详细介绍，验证你的想法。

AI世界中的角色配音

在开始进入 AI 配音之前，我们先来简单地了解一下传统电影的人声类型。

》4.2.1《 传统电影中的人声类型

电影是讲述主角故事的载体，而人声是丰富电影的内容与情感的有力工具。人声作为电影中最直接的声音类型，能够最清晰地传达角色的情感和信息。我们可以将人声细分为以下几种类型。

（1）对白 / 对话

对白，也就是我们通俗讲的对话。对话通常发生在人物之间，可以推动故事情节发展，传递情感和信息。

（2）独白

独白是角色内心的自我表达，是观众走进角色内心的窗口。无论是深情款款的表白，还是孤独寂寥的自言自语，独白都能让观众感同身受地体会角色的情感。

（3）旁白

旁白则以第三者的视角渲染故事，提供背景信息、情感渲染和氛围营造。

根据表现形式和作用的不同，旁白可以分为以下两种类型。

①解说性旁白：

最常见的一种旁白，它有点像解说员，为观众提供重要的信息和背景资料。

②独白式旁白：

角色的内心独白，以第一人称的方式诉说内心的感受和想法，《阳光灿烂的日子》中由夏雨饰演的角色马小军就用旁白阐释自己的内心。

》4.2.2《 AI声音合成技术

人声丰富了电影的内容和情感。随着 AI 技术的发展，电影中声音制作方法也变得更加多样和便捷。

1. 技术分类

AI 声音合成按照输入和输出之间转换源的不同，可以分为 TTS（Teat To Speech，文本转语音）和 SVC（Singing Voice Conversion，语音转换）两类。

TTS：将输入的文本转换成 AI 的语音。像我们平时见到的人物配音、影视解说等场景都可以使用。

SVC：将一种语音的音色转换成另一个音色，也可以理解为声音克隆。像之前的 AI 孙燕姿、复活名人甚至是复活自己的奶奶，其中的声音克隆训练都用到了这项技术。

（1）文本转语音

文本转语音的 AI 工具五花八门，但基本的使用逻辑是相同的。这里我们就以 ElevenLabs、剪映和豆包这 3 个比较具有代表性的工具为例。

① ElevenLabs（十一实验室）。

十一实验室更偏于外语环境下的配音使用，对于英文的配音效果相对自然，与剪映的不同在于，十一实验室的人声不会过度训练，保留了一些非语言类表达，用于对话配音会更加自然。使用十一实验室进行配音分为三步。

✎ 第一步：选择设定。

在"Settings"模块中，你可以预览不同的语音，选择合适的音色进行下一步的语音生成。

当然，这里只展示了一部分的声音，你也可以在它公共的声音库里搜索到更多的声音进行试听。

声音库可以单击左侧项目栏中的"Voices"（声音）中的"Create"（项目）进入。

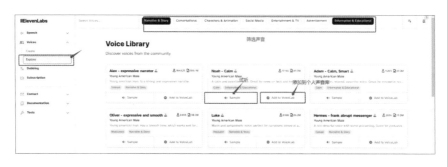

上方的过滤栏可以筛选声音的一些设定，下方每个声音都是以人名命名，单击左侧的小喇叭就可以听取样本声音。单击右侧的加号就可以添加合适的声音到声音资料库中。

✎ 第二步：文本语音生成。

选定合适的声音后就可以返回主页界面，然后通过输入文本来输出音频，在

"Text"处输入文本,然后在"Settings"处选择我们刚刚给它命名的音源,最后根据文本选择输出的语言。这里需要注意的是,你输入什么样的语言,就选择相对应的语言进行生成。示例这里选择中文。

选好设定后单击下方的"Generate"就可以等待音频生成了。由于生成的字符数不多,很快就可以听到完整音频了。

其实哪怕同样的设置,每次生成的语音都会有细微或者明显的不同。所以对生成的语音不满意时可以再多试几次。

✎ 第三步:调节人声语气。

最后,是两个调整语气的小技巧。

技巧一:选择进阶设置进行调整。

第一个技巧是调整进阶设置。这里的"Stability"决定了你想让 AI 对语气自由发挥的程度,"Clarity"决定了你想要的语音清晰度和音色相似度。可以生成后试听,如果觉得不满意,就单击"Generate"重新生成音频。

技巧二：善用标点符号引导情绪。

第二个技巧是用标点符号引导情绪。十一实验室对这些标点符号的引导非常到位，善用标点符号，能给这段音频带来完整的情绪感受。比如：

"This is like a children's play-pretend game"加入了"..."后，变成："This is like a children's play-pretend game..."。

AI读出来就会多了点迟疑的感觉。

如果加入"！！！"后变成"This is like a children's play-pretend game！！！"，它的语气音调就会变高，更情绪化。

你也可以在语句中加入一些非语言类表达，例如"hahaha"可以模拟一些笑声，"uh"模拟迟疑或犹豫的声音，"um"模拟思考时的声音。

②剪映。

剪映是一款功能强大且易上手的剪辑软件，其中的AI文本朗读功能也是在中文环境下使用比较多的配音功能。下面介绍其使用方法。

✎第一步：导入文本。

首先，新建一个视频草稿，然后单击文本下的默认文本，单击加号，添加字幕条到下方的时间轴。然后将你想要转化为音频的文本输入字幕内。

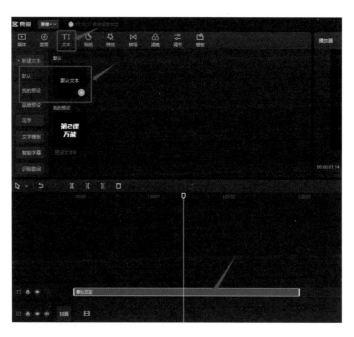

✎第二步：添加语音合成。

单击右边的朗读就能看到非常多不同音色的配音朗读效果。

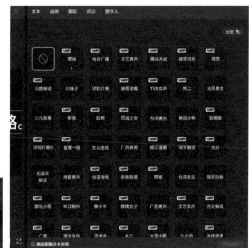

　　每个名字都是根据声音的特色来描写的，可以根据生成的角色形象和对话的文本内容，来选择合适的人声音色，这个过程需要反复地听和对比。

　　比如在 AI 电影预告片《2140・图灵梦境》中，这几个路人角色的声音就是使用剪映生成的。

　　经过挑选后使用了"云龙哥""唐少""侠客"这三个音色。

　　在生成前单击"朗读跟随文本更新"，然后单击"开始朗读"，这样如果你修改文本内容，它就会自动帮你生成新的语音。

（2）语音转换

接着就是语音转换，又叫声音克隆。通过声音克隆技术，仅需几十秒的录音样本就可以创建一个声音模型，并用这个模型来生成新的对白内容，从而保持角色的声音一致性。

目前，成熟的 AI 语音合成软件多数整合了文本转语音和语音转换两种功能。

① 剪映。

除了配音和剪辑，剪映还可以通过录制 5 到 10 秒的声音来实现音色克隆。

先新建一个文本，然后单击右上角的"朗读"，就能看到"克隆音色"的功能，单击蓝色的"点击克隆"按钮，弹出入口。然后单击"点按开始录制"按钮，会弹出一段需要朗读的文案。

根据提示单击按钮，朗读例句，开始录制，音色生成的过程非常迅速。生成完自己的音色之后，可以命名个名字，并单击"保存音色"，这样就可以在后续的视频中使用了。如果不满意录制的效果，可以将保存后的声音删掉，再重新录制即可，整个过程十分快速简单。

② ElevenLabs（十一实验室）。

✎ **第一步**：准备原声素材。

首先，准备 10 分钟以内的人物原声音频素材，每个文件不要超过 10M。在收集原声素材的时候，需要注意原音频的质量与后面生成的音频质量息息相关，所以最好不要有任何杂音或噪声，越干净、纯粹越好。

✎ **第二步**：开始克隆。

然后就可以进入主页，单击左侧"Voices"的"Create"来到"VoiceLab"页面，开始克隆声音。这个"Add Voice"是用来添加人物原声素材的，单击进入之后，选择"Instant Voice Cloning"（即时语音克隆）。

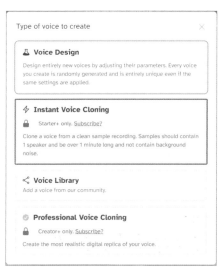

把我们剪辑出来的纯净素材拖进去，然后单击确认即可。需要注意的是，在这个过程中尽量不要开任何网页翻译，否则容易报错。

等待几十秒后,声音克隆就完成了。接着就可以单击"Use"去使用了。

✎ 第三步:文本语音合成。

按照刚刚文字转语音的步骤,进入"Speech"主页,选择刚训练好的声音名字,输入文字进行生成即可。

③豆包。

还有一个特别的工具就是豆包,它是 AI 对话类应用,但它也可以用于我们的配音。在豆包中可以给智能体赋予,只需点击"+"号→"创建 AI 智能体",在创建界面中点击"声音",找到"我的",然后点击"克隆我的声音"进行克隆,根据系统给的文案录制一段自己的声音,30 秒左右,软件就克隆了你的声音,勾选自己的声音。

接着返回到操作界面,语音选择中文,点击完成,就可以跟自己的虚拟人设对话了。

如果要用于配音的话,就需要给这个智能体进行一些设定,通常我们有脚本内容,那么只需要输入脚本,让它重复一遍念出来就好了。

因此输入的设定可以是:

"你是一个专业的配音演员,你只会重复人类给你的文本并富有感情地朗读出来。"

设定描述

你是一个专业的配音演员,你只会重复人类给你的文本并富有感情地朗读出来。

这样输入文本，豆包就会重复一遍，接着只需要打开录屏，点击对话下面的喇叭进行朗读即可，觉得朗读效果一般可以再点击一次，因为每次朗读都会有点不一样。这样录制好后就可以用于配音了。

2. 技术要点

AI 语音合成技术主要包括语音转换和文本转语音两种方法。然而，无论使用哪种方法，要生成自然的人声语音，基础要素之一都是文本的标点符号。正如十一实验室的介绍所述，标点符号的作用比人们想象的更为重要。

另一个关键因素是声音库。声音与角色的匹配至关重要，这就需要有丰富的声音供我们选择。除了前面提到的软件平台，许多国内的 AI 语音平台也可以作为我们的声音库，帮助我们为文本寻找最契合且动听的音源。

 音效设计与声场模拟

音效设计和声场模拟是电影制作中的重要组成部分。传统电影通常有专门的音效师在录音棚中通过各种道具进行音效模拟，创造出与画面相匹配的声音环境，增强观众的沉浸感。

而 AI 音效设计则是利用人工智能技术来生成和优化音效的过程。这项技术在电影、游戏、动画和广告等多个领域中展现出广泛的应用前景。

》4.3.1《 AI音效生成工具

1. OptimizerAI

　　OptimizerAI 是一款人工智能声音效果生成工具，能够根据文字提示自动创造出适合多种场景的声音和音效，如游戏中的射击声、动画中的雨声环境或地铁到站声等。它支持风格标签指定，能够生成具有一致性的背景音乐和特定氛围的声音效果。

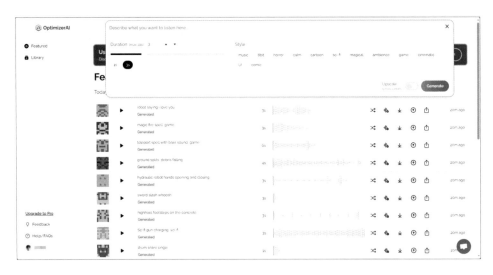

　　例如，在第一节展示的卓别林配音视频中，大部分音效就是使用它生成的。

（1）文本到声音效果生成

OptimizerAI 可以根据用户的文字提示生成各种声音效果，包括生成机器人音色并让它说出特定台词。

（2）多种风格音效生成

通过指定不同的风格标签（如卡通、恐怖、8-bit、科幻等）来引导 AI 生成特定风格的声音效果，并且能够生成最长 10 秒的背景音乐或特定氛围的声音。

（3）音效变体生成

OptimizerAI 能够基于一个生成的参考声音再生成多个类似的声音，这个功能有助于快速生成多种音效，满足不同的创作需求。

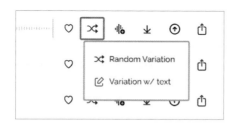

在主页面，单击对话框输入英文就可以开始生成音效了。

先让软件模拟一下生活中放玻璃杯到桌面上的声音，这里可以调节音效的时长，最长是 10 秒。右侧是一些可选的风格，选择下方的"Upscale"放大功能会多消耗 5 个积分生成更高质量的声音。单击"Generate"系统就会开始生成 5 个音频供用户选择。

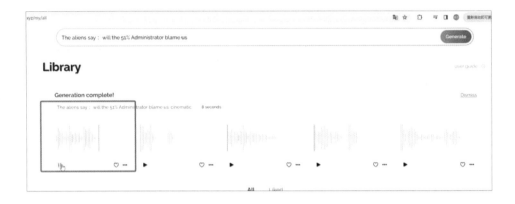

2. Pika

Pika 生成音效有两种方式，第一种是在生成视频的同时为视频增加音效。在输入框里输入想要生成的画面和声音提示词，打开下方增加音效的按钮，单击生成，这样就可以直接生成有背景音效的视频了。

第二种是上传本地视频，再给视频增加音效。本地视频上传后，再单击下方的"Edit"进行编辑，然后单击增加音效，输入音效的提示词，单击生成，同样会提供几种不同的音效。选择最合适的一段，再节选4秒比较匹配的音频，单击添加到视频，就成功添加音效了。

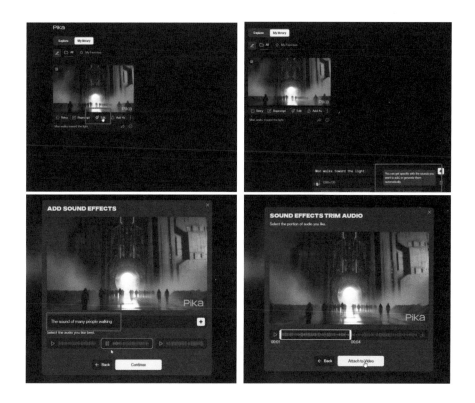

»4.3.2« 声场模拟

声场模拟是电影后期制作中的一个重要环节，它通过模拟不同环境下的声音效果，增强声音的真实感与观众的沉浸感。声场模拟的目的是在观众的听觉上重现影片中的场景，无论是室内还是室外，空旷场地还是密闭空间，都能通过声音营造出相应的氛围。

通过 AI 生成的音频，无论是音效还是人声，都与真实的临场感还有一定距离。AI 生成的声音就像是在录音棚录制的原声，没有任何混响和声场，所以想要达到声场模拟的效果，就需要在后期软件中进行调整。

相比于更加专业的电影级声场模拟设备和软件，我们使用常用的剪辑软件也可以达到相似的效果。

下面以 Adobe Premiere Pro（PR）为例实现声场模拟，具体步骤如下。

1. PR 的音频效果

① 混响效果。

● 在 PR 中，选择音频轨道并打开"效果控件"面板。

- 在"音频效果"中找到"混响",然后选择一个混响,如"室内混响"。
- 调整预设(如"房间""大厅"等)和参数(如"房间大小""衰减")来匹配场景。

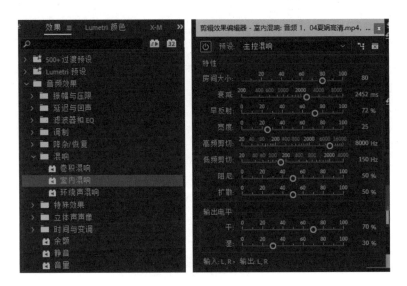

② 均衡器(EQ)。

- 在"音频效果"中选择"参数均衡器"。
- 使用多个频段进行调整。

例如:

- 调低 100Hz 范围的曲线可以增加远离感。
- 拉高 2kHz~4kHz 范围的曲线能够增加清晰度。
- 调低 10kHz 之后的曲线可以模拟隔墙效果。

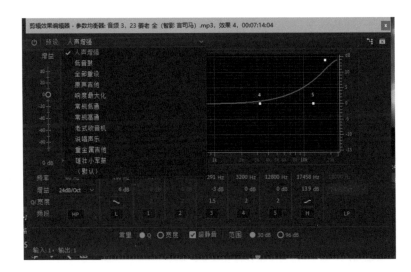

③ 声相调节。

- 调节音频效果控件中声像器的平衡数值，或者为音频添加"立体声扩展器"效果。

- 通过关键帧动画实现声音移动效果。

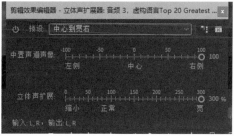

④ 音量关键帧。

- 在时间轴上显示音量关键帧。

- 添加和调整关键帧来创造距离变化效果。

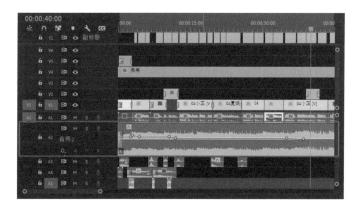

⑤ 多轨道叠加。

- 创建多个音轨用于不同类型的音频（对话、环境音、音效等）。

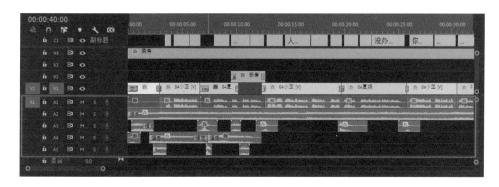

● 使用"音轨混合器"面板调整各轨道的相对音量。

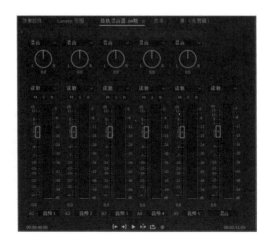

⑥ 延迟效果。

● 添加"延迟与回声"的"延迟"效果。

● 调整延迟时间和反馈量来匹配场景空间。

PR 中的"基本声音"面板则可以针对音频类型进行特定的声场模拟。

比如选择类型为"对话",则会提供"修复""增强""混响"等选项。

选择类型为"音乐",则可调节"持续时间"和"回避"等功能。

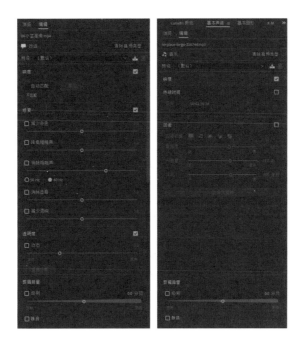

除了 PR 软件外,其他常用软件也能实现声场模拟效果。

2. DaVinci Resolve

- 在 Fairlight 页面进行高级音频编辑。
- 利用内置的 Fairlight FX 插件,如 Space 和 Reverb 进行空间模拟。

3. Final Cut Pro X

- 使用"空间设计器"效果进行混响处理。
- 利用"声相"工具进行 3D 音频定位。

4.4 AI电影中的音质优化

》4.4.1《 Premiere Pro（PR）

Premiere Pro 作为视频编辑软件，添加了 Enhance Speech 功能，可以利用 AI 一键减少背景噪声并改善剪辑的音质。

① 自适应降噪：可以减少背景噪声。

② 参数均衡器：可以调整不同频段，改善音质。

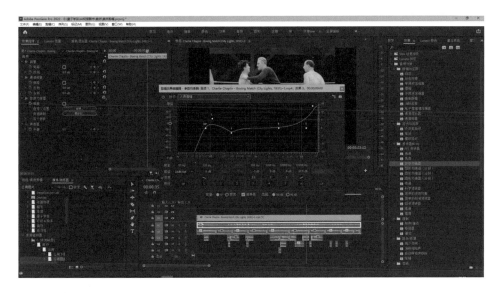

③ 降低隆隆声：可减少低频共振引起的杂音。

④ 消除嗡嗡声：消除电器造成的低频噪声。

⑤ 消除齿音：减少人声录音中的高频噪声，这些噪声通常是在发音时气流冲击牙齿产生的。

⑥ 减少混响：减少场景回音，聚焦人声。

》4.4.2《 Adobe Audition（AU）

AU 作为专业的音频编辑软件，提供了更高级的音质优化功能。

① 噪声降低和相位校正：可以减少背景噪声，提高音频清晰度。

② 修复和恢复：去除或减少音频中的噼啪声、咔嗒声等缺陷。

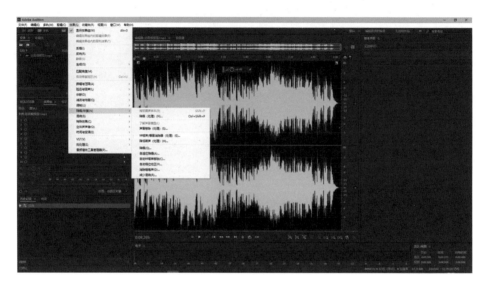

③ 均衡器：使用图形均衡器或参数均衡器调整音频频率，提升音质。

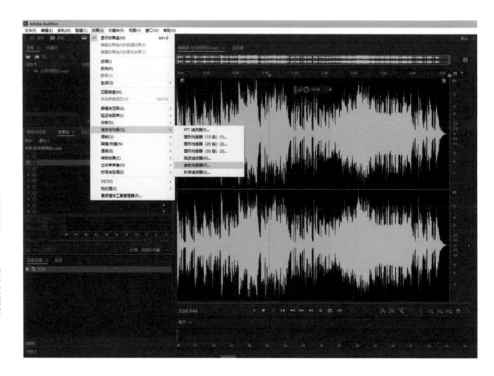

④ 动态处理：包括压缩、限制、扩展等效果，用于控制音频的动态范围。

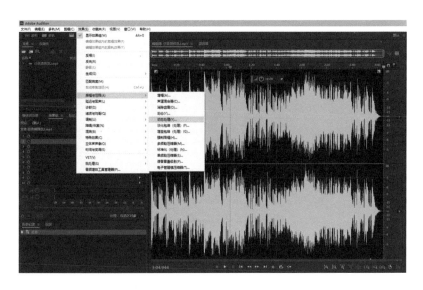

》4.4.3《 剪映

作为移动端和桌面端的轻量级编辑软件，剪映提供了一些简单但有效的音质优化功能。

① 音频降噪：自动识别和减少背景噪声。

② 响度统一：自动调整不同片段的音量，使其保持一致。

③ 人声美化：一键提升对话音频清晰度。

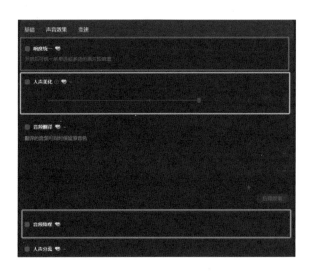

④ 简化的均衡器：提供预设，如人声增强、低音增强等。

⑤ 变声效果：虽然不是严格意义上的优化，但可以用于创意处理。

》4.4.4《 Podcast AI

Podcast AI 是 Adobe 推出的免费音频处理工具，上传音质有问题的对话音频，软件就能自动进行降噪处理。

前面的这些工具可以帮助我们清理和优化音频，但请注意，过度使用可能会影响音质。

4.5 AI声音实例：《索尔维会议》

1927年，第5届索尔维会议在比利时布鲁塞尔举行。29位科学家齐聚一堂，其中17位是诺贝尔奖获得者。这是一场史诗级的智慧较量，人类科学史上最伟大的交锋。表面上看这只是一场学术交流，但亲历者都知道，这是两大阵营的对决，并且最终影响了现代物理的走向。一边是经典物理派，以爱因斯坦为首，坚信"上帝不掷骰子"；另一边是以玻尔为首的"哥本哈根学派"，坚持量子力学的随机性。这次的PK，最终决定了人类科学发展的百年进程。

这次，我们借助AI技术复活了这场伟大的辩论，扫描右侧图片下方二维码，即可"亲临"现场，聆听这些伟大科学家的声音。

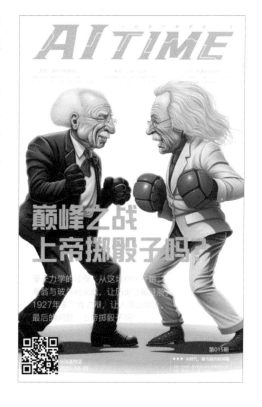

接下来将带领大家一步步解析这一制作流程，了解 AI 是如何训练和再现这些科学家的声音的。

✎ **步骤一：数据收集。**

在声音训练的第一步，数据收集是至关重要的。要重现这些科学家的声音，他们的声源是基础。所以，我们首先需要从各个渠道获取他们的纯净音频资料。

以下是一些推荐的音频收集渠道。

① 视频平台：搜索相关的演讲视频，可以使用 Downie 4 将它下载下来。

② 声音平台：查找相关节目，录制播放中的音频。

③ 历史档案馆：访问在线档案馆，寻找公开的录音资料。

以爱因斯坦为例，可以按照上面的方法收集一些他的演讲视频。

每段音频最好不超过 10 分钟，文件大小控制在 10MB 以内。收集原声素材时要注意，音频质量直接影响后面生成的效果，音频质量越高，生成的效果越好。所以，需要尽可能选择干净、纯粹的录音，避免杂音和噪声。如果找不到足够的高质量样本，可以使用音频编辑软件将较长的录音剪辑成短小片段。

整理好收集到的音频数据后，给每个文件命名并分类。这样可以方便后续处理，避免在训练模型时出现混淆。

✎ **步骤二：数据预处理。**

接下来，需要把收集的声音送进"声音美容院"进行预处理。预处理包括音频剪辑、噪声消除和格式转换三个关键步骤。

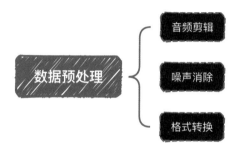

（1）音频剪辑

通过音频剪辑，可以去掉不需要的部分，只保留有用的片段，确保音频的连贯性，避免突兀的断裂。不需要的部分主要指非目标人物的部分，比如你找的是访谈类的音频，那就需要把观众和主持人的声音去掉，只留下被访者音频即可。

使用的剪辑工具不限，但每个剪辑点都需要精心选择，确保音频段落间自然流畅地过渡。以爱因斯坦的音频素材为例，我们准备了约 4 分钟的纯人声数据集，并将其分割为 6 个片段。

爱因斯坦演讲视频 2.mp3 　爱因斯坦演讲视频.mp3 　爱因斯坦演讲视频 3.mp3 　爱因斯坦演讲视频 4.mp3 　爱因斯坦演讲视频 5.mp3 　爱因斯坦演讲视频 6.mp3

（2）噪声消除

当完成音频剪辑后，就可以进行噪声消除。这一步就像是为声音做净化处理，让它们更加纯净动听。导入剪辑后的音频，使用音频处理软件的降噪功能去除背景噪声。你可以选择自动降噪或手动调整参数，找到最佳的降噪效果。理想效果是，背景噪声几乎消除，而目标人物声音清晰可辨，就像给音频做了一次彻底的"深层清洁"，让它们焕发出新的光彩。一番操作后，经过"深层清洁"的爱因斯坦净化音频新鲜出炉，可扫码收听。

（3）格式转换

在完成降噪后，接下来是格式转换。将音频文件转换为模型所需的格式（如 WAV 或 MP3），确保其兼容性。当然，**如果音频文件本身就是 WAV 或 MP3 的格式，这一步可以忽视。**不同模型可能对音频格式有不同的要求，因此在转换时要仔细查看模型的文档，确保输出格式符合要求。转换后，记得试听一下，确保音频质量没有下降。

在这个过程中，可能会遇到一些挑战。例如，某些音频片段的质量较差，降噪后效果仍不理想。遇到这种情况，可以尝试使用其他音频修复工具，或者寻找更高质量的音频源。如果发现某些音频片段质量不佳，应该果断舍弃，避免在后续训练中引入不必要的噪声。

最后，确保整理好的音频数据**有序存放，给每个文件命名并分类**，以便后续处理。这样可以避免在训练模型时出现混淆，确保能快速找到所需的音频片段。通过这一阶段的打磨，你的音频数据将变得更加精致，为后续的模型训练奠定了坚实的基础。

✎ **步骤三：训练模型，克隆人声。**

训练模型是整个流程的核心，它将处理后的数据转化为可用的声音生成工具。根据需求，选择合适的 AI 声音生成模型，这一步实质上是我们之前提到的 SVC（语音转换），即人声克隆技术。

这里我们用到的克隆人声工具，还是前面讲到的十一实验室，操作方法如下。

单击左侧"Voices"的"Add a new voice"页面开始克隆声音。在弹窗中，选择 Instant Voice Cloning（即时语音克隆）。把刚刚剪辑的纯净素材拖进去，然后单击确认即可。等待几十秒后，声音克隆就完成了。接着就可以单击"Use voice"去使用了。

小贴士：在这个过程中尽量不要开任何网页翻译，不然容易报错。

✎ **步骤四：生成声音。**

接下来，就要收获胜利的果实了。选择刚训练好的声音，单击"Use voice"后，在文本转语音的输入框内输入爱因斯坦的台词，单击"Generate speech"进行生成。

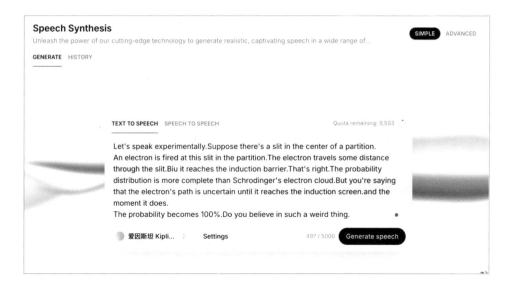

生成好之后，界面下方会出现一个迷你播放器并自动播放生成的语音。试听满意后，单击播放器右侧的下载图标保存音频文件到本地。

如果想找到之前生成的声音记录，可以使用"History"历史功能。这里记录了所有生成的音频。把鼠标放在名字旁边的感叹号上，还可以看到当时设置的数值。试听后可以选择满意的音频进行下载，来听下最终的成品吧。

由于篇幅有限，这里我们只是以爱因斯坦为例子进行操作示范，如果感兴趣，你可以根据上面的步骤，尝试生成其他科学家的声音。

20世纪物理学的征程，波澜壮阔，荡气回肠。最震撼人心的成就，非量子力学莫属。为了探索微观世界的奥秘，一代代科学巨人前赴后继，他们是爱因斯坦、狄拉克、玻尔、玻恩、薛定谔……

量子学派高清修复1927年索尔维会议照片

　　这些人类天才高举科学圣火，引领着人类走向深邃的真理之地。微观世界是不确定的吗？上帝究竟掷不掷骰子？爱因斯坦与玻尔的数年论战，每次都让历史泛起涟漪。回看 1927 年索尔维之辩，真是让人高山仰止。再次回顾这个伟大的黄金时代，你会不会眼含泪光并且喃喃自语："上帝掷骰子吗？"

扫码查看《巅峰之战·上帝掷骰子吗？》

Chapter

05

第 5 章

音乐编排

5.1 音乐在电影中的角色

电影音乐是电影叙事的重要元素，通过旋律、节奏和音色，能够引导观众情绪，深化故事主题，提升影片的艺术价值。电影音乐的发展历程反映了电影艺术的演变和技术的进步。

穿越时光，让我们看看电影音乐是如何一步步走到今天的。

》5.1.1 《 无声电影时期的音乐

在无声电影时期，音乐是唯一的声音元素。电影院通常会雇用现场钢琴师或管弦乐队，通过现场演奏音乐，为电影增色。试想一下，早期的电影观众坐在剧院里，眼前是默片的黑白画面，而耳边却是现场乐队即兴演奏的音乐，随着画面的变化，音乐家的手指在琴键上跳跃，观众的情绪也随着音乐起伏波动。无声电影时期的音乐，就像默默无闻但非常重要的配角，总是在幕后默默奉献。它的音乐虽然简单，但为电影音乐的发展奠定了基础。

》5.1.2 《 有声电影的崛起

1927 年，《爵士歌王》作为首部有声电影，标志着电影音乐进入了一个新的时代。有声电影的出现，使得音乐可以与画面同步播放，作曲家们开始为电影量身定制音乐，电影配乐成为一门独立的艺术形式。

20世纪20年代，一些电影创作者开始利用专门录制唱片的机器把电影的原声录制成唱片。到了30年代，人们开始利用胶片录音。到了20世纪40年代至50年代，磁带走进人们的生活，电影录音的媒介也从胶片转为磁带。就这样随着时间的推移，人类的科技创造出了越来越方便好用的录音设备来完成对电影声音的录制。与此同时，电影音乐也不再是现场演奏，而是与画面同步录制声轨，这不仅使音乐表现更加丰富和谐，同时也增强了电影整体的艺术表现能力。

《爵士歌王》剧照

此后，电影音乐的发展经历了从简单的背景音乐到复杂的交响乐配乐的演变，逐渐形成了电影音乐的独特风格和技术。

》5.1.3《 现代电影音乐的发展

随着科技进步，电影艺术不断发展，电影音乐创作也出现了新的理念和方法。现代电影音乐的多样性体现了技术进步与创作自由的融合。

作曲家们利用**电子音乐、民族音乐、交响乐**等多种音乐形式，创造出丰富多彩的电影音乐。这一时期的电影音乐不仅仅服务于画面，更成为电影艺术的重要组成部分。

音乐在电影中不仅仅是背景配乐，它扮演着多种关键角色，帮助观众更好地理解和体验影片。

情节推进	增添层次感，帮助观众更好地理解复杂的剧情
营造氛围	创造出特定的氛围，使观众更加沉浸在电影中
人物刻画	特定的音乐主题可以与特定角色关联，帮助观众更好地理解和记住这些角色
情感引导	旋律和节奏直接影响观众的情感反应
主题表达	强化影片的主题，帮助观众更好地理解导演的意图

在电影中，音乐的重要性就像一杯好咖啡，它能唤醒你的感官，提升你的体验。没有音乐的《星球大战》，光剑决斗可能会变成两个成年人挥舞着荧光棒的搞笑画面；没有音乐的《狮子王》，小辛巴的成长之旅可能会像一部纪录片。

所以，下次看电影时，不妨闭上眼睛，仔细聆听音乐，它可能会带给你全新的观影体验。音乐不仅仅是耳边的旋律，更是电影灵魂的一部分。

5.2 AI作曲与配乐

1. 传统音乐

音乐生成听起来像是魔法，但它背后有着严谨的科学原理。我们先来看一下传统的音乐制作原理。传统音乐制作是一个复杂且精细的过程，通常需要多个步骤和专业技术的支持。

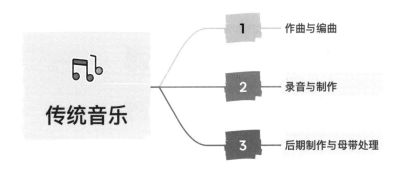

音乐生成主要分为三个步骤。

✎ **步骤一**：作曲与编曲。

传统的作曲过程通常从旋律与和弦开始。作曲家根据灵感或委托，创作出乐曲的主旋律与基本和声结构。编曲是对作曲进行细化和丰富的过程，包括安排乐器，确定乐曲的节奏、音色和整体风格。编曲师需要深厚的音乐理论知识和创作经验。

✎ **步骤二**：录音与制作。

录音是将作曲和编曲后的音乐用音频设备记录下来的过程。传统录音需要录音棚、麦克风、混音台和音频接口等设备。录音师和制作人会协同工作，以确保录音质量和音乐效果。录音完成后，制作人会进行编辑和混音，将不同音轨进行合成并处理音效和调音。

✎ **步骤三**：后期制作与母带处理。

后期制作包括进一步优化音乐的音质和效果，例如添加混响、压缩和均衡等处理。母带处理是将最终混音后的音乐进行最后的优化和标准化，使其达到发行的质量标准。这一步通常由专业的母带工程师在专门的母带处理室进行。

传统的音乐制作虽然细致且富有艺术性，但它需要耗费大量的时间、金钱和人力。每一个步骤都需要高度的专业知识和经验，制作周期长，成本高昂。而 AI **的出现**为音乐创作带来了革命性的变化。相较于传统作曲，AI 作曲的原理和具体的生成步骤是什么呢？

2. 用 AI 生成音乐的具体步骤

以下是使用 AI 音乐生成工具进行创作的具体步骤，展示如何通过简单的操作生成高质量的音乐作品。

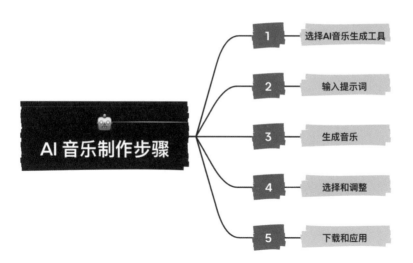

✎ **步骤一**：选择 AI 音乐生成工具。

首先，我们需要选择一个合适的 AI 音乐生成工具。

✎ **步骤二**：输入提示词。

在 AI 工具的创建音乐模式中，输入描述性的提示词。这些提示词可以包括音乐风格（如电子、古典）、情感（如激昂、悲伤）以及场景（如战斗、浪漫）。

✎ **步骤三**：生成音乐。

单击生成按钮，AI 工具将根据输入的提示词生成符合要求的音乐片段。这个过程通常只需要几秒钟到几分钟的时间，取决于生成的音乐片段的长度和复杂度。

✎ **步骤四**：选择和调整。

生成的音乐片段会显示在界面上，用户可以试听并选择最符合场景需求的片段。如果需要进一步调整，可以修改提示词或进行一些手动调整，如改变节奏、添加音效等。

✎ **步骤五**：下载和应用。

选择满意的音乐片段后，可以将其下载并应用到电影或其他项目中。AI 生成的音乐通常可以直接用于项目中，或者经过一些后期处理以达到更好的效果。

	传统音乐创作	AI音乐创作
创作过程	通过灵感、音乐理论和实践创作	通过数据训练和算法生成
创作速度	较慢，通常需要数周到数月	快速，几分钟到几小时
创作成本	高，需支付作曲家、录音师等费用	低，主要是计算资源和软件费用
人力需求	高，需要多名专业人员参与	低，主要需要技术人员维护

通过对比，我们发现传统的音乐创作需要专业的作曲家，花费大量的时间和精力，而 AI 技术的应用可以大大提高创作效率，甚至为没有音乐背景的人提供了创作高质量音乐的可能性。

通过简单的操作，无需复杂的专业知识，任何人都可以生成高质量的音乐作品。这不仅大大提高了创作效率，还为电影、游戏等领域提供了更多创作的可能性。未来，随着 AI 技术的不断进步，音乐创作将变得更加智能和个性化，为我们带来更加丰富的视听体验。

(5.3) 一键生成电影级灵魂音乐

前面已经展示了如何使用 AI 软件创造动人的旋律。接下来，让我们学习怎么用 AI 工具一键生成电影级灵魂音乐。

»5.3.1« 电影配乐

电影配乐是什么？

电影配乐是指在电影中为了增强观影体验而专门创作或选择的音乐。它不仅仅是背景音乐，也是电影叙事的重要组成部分，可以起到传达情感、塑造人物形象、推动情节发展等作用。

电影配乐是门综合的学科，它包含了作曲、制作和电影配乐三大元素。在作曲层面，专业的作曲家需要涉及乐理知识、和声学、配器法等传统的作曲知识与作曲技法。在制作环节，比起 Cubase、Logic Pro X 等专业的配乐制作软件，随着 AI 的加入，制作环节变得触手可及。最后的电影配乐就是创意构思和灵感碰撞了，你需要代入导演的思维来规划整部影片的叙事节奏。

»5.3.2« 电影配乐的类型

电影配乐可以简单分为主题音乐、背景音乐、音效和音乐剪辑四个类型。

（1）主题音乐（Theme Music）

主题音乐是电影中的主要旋律，它代表着电影的核心精神和情感基调。哪怕电影的画面并没有台词，但是只要有主题音乐或者主题变奏，就可以将观众带入故事里的情绪里面。例如，电影《星际穿越》中驱车穿越玉米地的片段，如果没有配乐将变得非常单调，但配上汉斯·季默作曲的经典配乐后，整个画面就有了不一样的深意。

（2）背景音乐（Background Music）

背景音乐是在电影的特定场景中播放的音乐，用于烘托气氛和情感。例如，在紧张的追逐场景中，背景音乐往往节奏快、音量高，以增强观众的紧张感。而在浪漫的场景中，背景音乐则可能是柔和、抒情的，以营造出浪漫的氛围。

（3）音效（Sound Effects）

音效是指电影中各种声音效果，如脚步声、门铃声、枪声等。虽然音效不是传统意义上的音乐，但它们同样是电影配乐的重要组成部分。音效能够增强画面的真实感和代入感，让观众更加沉浸在电影的世界中。

（4）音乐剪辑（Music Clips）

音乐剪辑是指将已有的音乐作品进行剪辑和重新组合，以适应电影的需要。这些音乐可以是流行歌曲、古典音乐或其他类型的音乐作品。

》5.3.3《 如何使用 AI 工具制作电影配乐

AI 工具为电影配乐创作带来了新的可能性。它们不仅能够快速生成音乐，还可以根据特定的风格、情感或场景需求进行定制。这为电影制作者降低创作门槛的同时提供了更多创意选择。接下来，让我们具体看看如何利用 AI 工具来制作电影的各种配乐元素。

这里给大家展示的 AI 音乐生成工具是 Suno，输入提示词，它就能够在短短几十秒内创作出你所描述的音乐内容。Suno 主要包括两个核心部分，分别是"Home"和"Create"。

（1）Home 模块

第一个主页模块，它的页面分为上、下两个部分。上边的这块区域主要作为创作歌曲的交互引导，提供了一些推荐的提示词样式，来引导我们如何去创作音乐。

下半部分是平台推荐的当天热度较高的歌曲。

单击左下角的"Sign up"登录账号，登录成功之后，就能够进入音乐创作页面了。

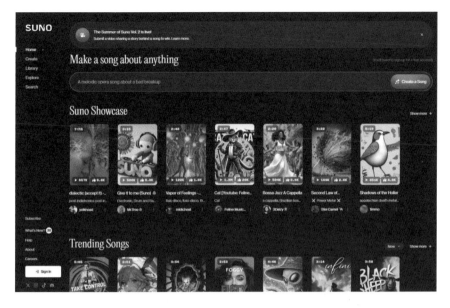

（2）Create 创作模块

然后是 Create 创作模块，这个界面主要有默认和自定义两种模式，单击
"Custom Mode" 按钮进行模式切换。

① 默认模式。

在默认模式中，它能够根据描述去生成相应的音乐内容。你可以直接在文本
框内描述想要的音乐风格和主题，也可以使用随机的流派和氛围，而不是特定的艺
术家和歌曲。目前 Suno 支持 50 多种语言，所以你输入什么语言大概率就会生成
什么语言的歌词。

注意，默认模式只支持输入 200 字。如果想要创作纯音乐，只需要打开
"Instrumental"（器乐）这个选项，就可以根据描述来生成纯音乐，比如输入"一
场穿越浩瀚宇宙、寻求繁荣和希望的冒险旅程，活力动感"，Suno 就会生成 2 段纯
音乐。

② 自定义模式。

开启左上方的"Custom"开关，就能进入自定义模式了。

在自定义模式编辑区中，主要有歌词提示与风格提示两部分的功能。

首先是歌词部分，相较于默认模式，自定义模式可输入的歌词字数达到了3000字，你可以创建随机歌词、自己写歌词或寻求人工智能的帮助。使用两段歌词（18行）可获得最佳效果。

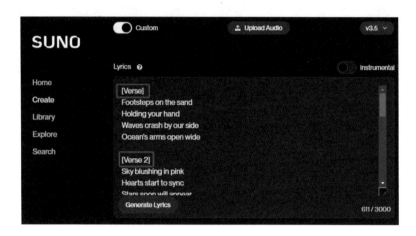

你会发现，Suno生成的歌词样式每小段间，有Verse、Chorus这类带大括号的英文，这里就涉及了一个叫作"元标签"的提示词概念。

1. 元标签的作用

元标签的典型功能就是定义歌曲的结构，像Verse、Chorus分别代表歌曲的主歌和副歌部分。比较常见的歌曲结构顺序是按前奏—主歌—前副歌—副歌—间奏—主歌—副歌—桥段—副歌—尾奏这样去编排的，当然，具体结构顺序还得考虑歌曲的内容、风格和目标听众来进行选择。

这里给大家介绍一些歌曲结构的名词含义。

Intro（引子或前奏）：歌曲的开始部分，通常用来建立歌曲的基调和氛围。引子可能包含一些基本的旋律或节奏元素，但通常不包括主要的歌词。

Verse（诗歌部分／主歌）：这部分是歌曲的主体，通常包含歌曲的主要故事或情感内容。每个诗歌部分可能有不同的歌词，但通常保持相同的旋律和节奏模式。

Chorus（合唱部分／副歌）：通常是歌曲中最具辨识度的部分，包含主要的主题和旋律，经常重复出现。合唱部分是歌曲中最易被记住的部分，往往包含"钩子"（hook）——一种特别引人入胜的旋律或歌词。

Bridge（桥接部分）：这一部分出现在歌曲后半部，提供了与前面诗歌和合唱部分不同的旋律和节奏，用来增加歌曲的多样性和深度。

Outro（尾奏）：歌曲的结尾部分，与引子相似，但用来结束歌曲。尾奏可以是对引子的重复，或者提供一种平静下来的感觉，渐渐淡出歌曲。

Pre-Chorus（前副歌）：在某些歌曲中，前副歌作为从诗歌部分到合唱部分的过渡。它可以增加歌曲的动态范围，为合唱部分的到来建立情感张力。

间奏（Interlude）：间奏是歌曲中的一个部分，其中不包含歌词，只有乐器演奏，通常用于连接两个不同的歌唱部分，如两个诗歌部分或诗歌部分到合唱部分之间，提供歌曲的情感转换或增强歌曲的整体感觉。

除了歌曲结构之外，元标签还有好几个非常实用的功能，例如它可以告诉 AI，我们想要这一小节的音乐风格是什么样子的，是摇滚还是爵士。它还可以告诉 AI，我们想要什么样的乐器来演奏这一小节，比如钢琴、吉他。如果有特别的唱法需求，比如说这一段是要由男生唱，或者是由女生唱，或者想要用什么特别的演唱风格，元标签也能搞定。

我们可以根据需要在歌词段落间添加这些元标签去触发 Suno 的生成机制。

Suno 的作用总结如下。

---

① 指定当前小结的音乐风格流派。

　　[funk]

　　[hard rock]

② 制定特定的乐器演奏。

　　[Guitar Solo A]

　　[Drum Solo B]

③ 制定特定的唱法。

　　[Male Voice]

　　[Female Voice]

④ 制定特定的情绪状态。

　　[Emotional gospel]

　　[Happy song]

需要注意的是，在"元标签＋文本"的结构中，如果元标签中存在声音效果词汇，如 fadein、reverb，那需要在每个元标签＋文本的部分之间增加一个空行，防止 Chirp 有时把它们当成同个部分去创作生成。

说完了歌词部分，接下来的文本框就是风格提示功能部分。

在这里，你可以描述想要的音乐风格，例如，电吉他、岩石、金属鼓、原声流行音乐等。Suno 的模型无法识别艺术家的名字，但可以理解音乐流派和风格。

当然，这里只是举例子，更多的音乐风格可以自行探索。不知道选择什么音乐风格，可以在 suno.wiki 官方网站中进行浏览。

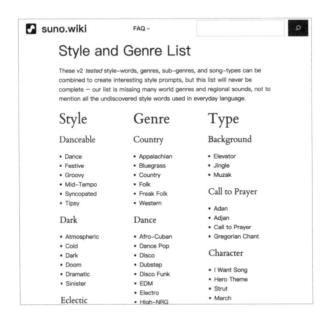

2. 流派风格的定义

① 流派（Genre）。

音乐流派是指一群共享特定音乐特性和传统的作品集合，是分类音乐多样性的一种方式，如摇滚、爵士、古典、电子和乡村音乐等，都是独具特色的流派。这些分类主要基于作品的结构、节奏、和声以及乐器使用等关键因素。每个流派都是音乐历史长河中的一部分，不仅代表了一段时间的音乐趋势，还深受历史和文化背景的影响。

② 风格（Style）。

风格在艺术领域，尤其是音乐创作中，主要指艺术家或作品所展现的特征和创作手法。它是艺术家个性化的音乐表达，不受限于单一流派，可以跨越和融合多种音乐风格。例如，一位流行音乐艺术家可能通过其特有的唱腔或舞台表演风格，展示其独特的艺术个性。这些元素共同构成了艺术家独一无二的音乐风格，使其作品与众不同，成为其艺术标识的一部分。

同样的，你可以在 suno.wiki 网站寻觅适合的风格，不过，要注意这个列表是永远不会完整的。它还没能涵盖全球所有的音乐流派和地区特色，更别提那些日常生活中还未被发掘的新鲜风格用词了。

接下来是一些技巧和示例，不过由于 Chirp 的随机性，所以下面提供的方法不能保证百分百成功，仍然需要去动手实践。

✎ **技巧一**：延长前奏（Intro）。

在歌词前面加上 [Intro] 的元标签，就是加入一段前奏。如果想要设定前奏的乐器，可以加入 [guitar solo] 这样的标签来指定吉他进行独奏，也可以使用 [melodic instrumental][instrumental intro] 让有旋律的乐器演奏。

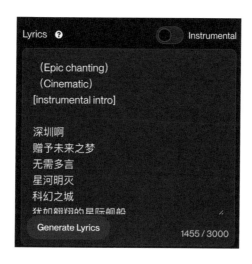

通过这些技巧，我们就可以让前奏的部分变得更长更丰富，在正式进入歌曲的主歌之前有更多的情绪进行铺垫。

✎ **技巧二**：延长音乐。

一般来说，Suno 生成的音频有些是不到 4 分钟的。如果想要生成更长的音乐可以在右侧选择"Extend"（延长）。

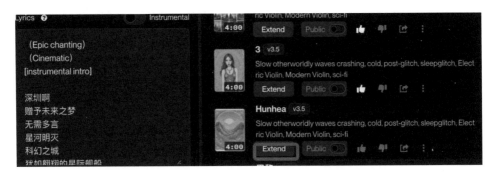

这里需要注意的是，如果一段歌词被分成两半，直接用下一个单词开始继续生成，不要再次使用被中断段落的元标签。

例如，你的歌词是：

......

[Chorus]

混沌虚无宇宙，银河繁星耀眼

第二旋臂独怜，太阳热吻地球

太平洋之西岸，华夏沧海桑田

万有引力谜渊，深圳独自绚烂

欢迎来到鹏城，构建科幻圣城

[Verse]

永别啊

我曾追逐迷途方向的晨曦

容我收起

藏起勇气

亲手撕裂夸克虚空的曾经

懵懂觉醒

这一夜，科幻梦起东方

......

这个时候，如果你的 [Chorus] 唱到"太平洋之西岸"这里被切断了，那么在下一个片段中接上的歌词不要添加 [Chorus] 这个元标签，如果添加了，Chirp 会认为这是新的 [Chorus] 并开始新的生成。新生成的音频旁边会有 part two 的标签，说明这是一段基于之前的音频延长出来的内容。

如果想把这两段音频拼成一首完整的歌，只需要单击新音乐后面的三个点，选择 "Get Whole Song"。

Suno 就会自动地帮你把两段音乐拼接起来，变成一段完整的音乐。最后你可以用这首完整的音乐做成一个专属于你的 MV，下面是最终成曲，可扫码收听。

5.4 AI音乐实例生成：《碳硅圣杯》原声OST

"在未来的某一天，AI 的智慧超越了人类，奇点时刻降临。四年后，科技巨头 AGI 公司创办了一年一度的 CSI（碳硅）圣杯比赛，让最聪明的 AI 与最优秀的人类展开智力上的角逐。然而，十二年来，没有人类打入八强。直到如今，人类首次夺得 CSI 冠军，却发现这是一个存在多年的阴谋。冠军销声匿迹，接着发生两起针对图灵梦境玩家的凶杀案。调查结果出人意料……"

作为《2140》系列小说故事线中的一个重要分支，《碳硅圣杯》讲述了人类与 AI 之间的一场智力对决，探讨了技术进步与人类伦理的复杂关系。影片通过多个回合的比赛，展现了人类与 AI 之间的碰撞，并最终决定地球文明的未来。

《2140·碳硅圣杯》素材：AI在观战的剧照画面

如果说科学幻想在试图突破想象力的边界，而抽象的声音艺术便是我们去向这些秘境的太空飞船。为了让观众更好地感受到影片的紧张氛围和情感共鸣，我们使用了 AI 音乐生成工具为《碳硅圣杯》编排背景音乐。可以通过以下二维码收听我们为《碳硅圣杯》创作的 OST 纯音乐。

接下来，我们将通过具体实例分析《碳硅圣杯》的音乐构建，带领大家回到那个激动人心的对决现场。

》5.4.1《 故事情节梗概

《碳硅圣杯》设定在未来的 2140 年，从 AI 奇点的降临开始。讲述了人类科学家墨菲与 AI 阿尔法在 CSI 圣杯比赛中的多轮智力对决。每一场比赛都充满了紧张与悬念。

这场赛事不仅是智力的比拼，更是对未来科技、伦理、人类命运的深刻探讨。剧本中通过多轮比赛，展现了文明演化、人工智能的崛起以及对宇宙法则的挑战。这些元素共同组成了一个既充满哲理性又极具戏剧张力的故事框架。

《碳硅圣杯》中的比赛象征着人类与 AI 之间的终极对决，关乎地球文明的未来。

1. 开场画面：智力对决的序幕

十二年来，没有人类打入八强，关于"人类真的打得过 AI 吗？"的质疑声不断。通过主持人的介绍，我们明白了这场赛事的重要性。

> "碳硅圣杯大赛历经十二年的发展，已经成为全球最顶尖的赛事。每年八月，最优秀的 AI 将与最聪明的人类展开角逐，夺取蓝色星球上的智力桂冠，今年的碳硅圣杯在 SG 市'混沌体育馆'举行……"

《2140·碳硅圣杯》素材：混沌体育馆

这一次，所有的希望都寄托在墨菲身上。在混沌体育馆中，人类科学家和 AI 的对决序幕拉开，**每个人、每个 AI、每个文明**对于这场赛事都充满紧张与期待。

《2140·碳硅圣杯》素材：人和AI在观战的剧照

《2140·碳硅圣杯》素材：人类在观战的剧照画面

《2140·碳硅圣杯》素材：可能文明在观战

人人都可以成为导演　硅基物语·AI 电影大制作

2. 第一场比赛：量子生态球

第一场比赛名为"量子生态球"，选手们需要利用量子技术创造并演化出一个微观生态系统，从混沌状态发展到高级文明。比赛的核心是文明的创造与进化，选手们通过调控生态球内的各种参数，推动文明的演化，并且要保持生态的稳定性。谁创造的文明更加稳定且能持续更长时间，谁就获胜。

在这一场比赛中，墨菲与阿尔法分别通过量子生态球来创造各自的文明。这一过程从星云坍缩到地球文明的进化，包括细菌演化、寒武纪大爆发、恐龙灭绝等重大事件。这场比赛象征着对生命的模拟和创造，也暗示了人类与 AI 在创造力方面的竞争。

《2140·碳硅圣杯》素材：生态球剧照画面

> "阿尔法在演绎地球文明的进化：星云坍缩，月球形成，太古代细菌的演化，寒武纪大爆发，二叠纪生物灭绝……
>
> "妈妈，刚刚那个是冰河世纪吗？我还看到恐龙了"

《2140·碳硅圣杯》素材：观众对生态球的变化感到惊叹

3. 第二场比赛：破解密码画

第二场比赛的主题是"破解密码画"，选手需要解开一幅名为《独钓寒江》的古文明密码画，并从中获得隐藏的加密密钥。这幅画象征着古老的文明与现代加密技术的结合，选手必须通过逻辑推理和图像识别找到密钥，谁先破解成功，谁就获胜。

> 主持人休斯：《独钓寒江》隐藏了一百个图灵币！谁能破解出画中的密钥，谁就赢！"
>
> 观众1："我的天，一百个图灵币可是价值上千万啊！"
>
> 观众2："这幅画可是加密世界的珍宝啊。"

《2140·碳硅圣杯》素材：选手破解画面中

《2140·碳硅圣杯》素材：名画中的密码逐步闪现

人人都可以成为导演

硅基物语·AI电影大制作

面对这道名画谜题，选手们的思维如电光石火般碰撞。画面中，复杂的逻辑图案和符号遍布四周，气氛紧张而专注。

4. 第三场比赛：火星探索

最后一场比赛是"火星探索"，选手们将在四维空间中进行智力与算力的对决。这是跨越维度的较量，选手们需要解决复杂的维度计算问题，并寻找和救援被困火星的船员。这场比赛的胜负将决定整个系列赛事的结果。

《2140·碳硅圣杯》素材：选手进入火星的神秘拱门

在创作《2140·碳硅圣杯》的背景音乐时，我们需要考虑每一个场景下，如何通过视觉元素和音乐来增强故事的情感和主题。

接下来，我们通过具体的场景和画面，详细阐述如何利用 AI 工具生成合适的纯音乐背景音乐。

》5.4.2《 音乐创作过程

为了更好地为这些情节配乐，我将从每个场景中提取出适合的关键词，然后整合出一个最终的关键词，利用 AI 音乐生成工具生成相应的音乐片段，以增强每个场景的情感表达和叙事深度。

1. 开场画面：智力对决的序幕

这个场景需要音乐传达出大家对于这场赛事的重视效果，因为毕竟十二年来，没有人类打入八强，人们对于"人类真的打得过 AI 吗？"的质疑声不断。

《2140·碳硅圣杯》素材：全世界都在关注这场赛事（1）

《2140·碳硅圣杯》素材：全世界都在关注这场赛事（2）

所以，这里应该充满紧张、冷酷的感觉。闪烁的屏幕、空旷的现场，以及高耸的高科技未来实验室，都表现出危机、冷酷的感觉，而科学家们的紧张与 AI 的冷静形成了鲜明对比。

这一场景展现了人类在 AI 统治的智力竞技场上的弱势地位，因此开场音乐必须传达出巨大的压力与期待。通过冷峻的电子音效和充满紧迫感的节奏，音乐传递出比赛即将开始前的紧张氛围。实验室的冷酷感与人类的希望形成对比，这种对比通过音乐节奏的变化和音色的选择得以展现。

关键词分析：

- High-tech
- Tense
- Anticipation
- Futuristic laboratory

2. 第一场比赛：量子生态球

在量子生态球中，展示了文明从混沌到发展的演变过程，这一场比赛的主题是文明的创造与演化，因此音乐必须从无序的混沌状态逐渐发展到有序的旋律。

《2140·碳硅圣杯》素材：量子生态球正在演变中

《2140·碳硅圣杯》素材：第一场比赛进行中

卡其诺："028 号真的能赢下与 AI 的比赛吗？"

佐佐木："放心，他是天赋养成最成功的实验体……"

剧本中描述了从星云坍缩到文明进化的过程，因此音乐也采用了渐进式的构造，从模糊的背景音到逐渐清晰的节奏，象征着生命的诞生与发展。随着生态球内文明的演化，音乐的层次感逐步增强，最终在阿尔法的生态球爆炸时达到高潮，通过急剧变化的音效表现出毁灭性的力量。

关键词分析：

- Quantum evolution
- Civilization progress
- Intense competition

3. 第二场比赛：破解密码画

这一场比赛的核心是逻辑推理与解谜过程，因此音乐需要体现出高度紧张感和智力对抗的复杂性。剧本中提到选手们快速而专注地破解密码画，画面中充斥着复杂的符号与图案。

《2140·碳硅圣杯》素材：选手正在破解密码画过程中

为了营造这种紧张的氛围，影片使用了神秘感强烈的旋律和快速变化的节奏，以增强智力对抗中的悬念感。每个音符都紧紧扣住观众的心弦，伴随着解谜进展，音乐也在节奏上逐渐加快，增加了紧张感。

关键词分析：

- Puzzle solving
- Tension
- Intricate
- High stakes

4. 第三场比赛：火星探索

在最终的比赛中，墨菲和阿尔法通过维度攻击展开对决。这场比赛的焦点在于维度的操控与计算能力，谁能够在四维空间中占据优势，谁就能够赢得比赛。这场比赛不仅仅是智力的较量，更是对多维度世界的探索与挑战。

《2140·碳硅圣杯》素材：全世界都在关注最后一场比赛走向（1）

作为影片的高潮，第三场比赛需要极具戏剧性和紧张感的音乐来表现。维度攻击涉及多维空间的交错和冲突，因此音乐必须有强烈的节奏感和多层次的音效。

《2140·碳硅圣杯》素材：全世界都在关注最后一场比赛走向（2）

通过这种处理，观众不仅能在视觉上看到维度攻击的剧烈变化，还能在听觉上感受到空间的扭曲与冲突。

《2140·碳硅圣杯》素材：船员迷失在火星大峡谷

关键词分析：

- Dimensional battle
- Ultimate showdown
- Intense
- Dramatic tension

分析完所有关键词后，我们再次整理这些关键词。

- High-tech
- Anticipation
- Quantum evolution
- Intense competition
- Tension
- High stakes
- Ultimate showdown

- Tense
- Futuristic laboratory
- Civilization progress
- Puzzle solving
- Intricate
- Dimensional battle
- Dramatic tension

按照之前的方法，我们输入关键词后，可以生成一段融合强烈节奏和情感深度的音乐。音乐的高潮部分伴随着角色的情感爆发和比赛的最高潮，智慧与情感在此刻交织碰撞，点燃观众的情绪。

除了每场比赛的紧张与戏剧性，角色的情感变化也是音乐创作中的重要部分。墨菲作为人类的代表，他不仅要面对 AI 强大的计算能力，还要承受来自整个人类的期望和压力。而阿尔法则代表了 AI 的冷静与逻辑，这种对立关系在比赛的每一刻都展现出来。

通过这些创作，希望能更好地传达影片中的哲学思考和未来科技的复杂性，让观众在观看的过程中深刻感受到人类与 AI 之间的复杂关系。138 亿年的故事还在继续，2140 宇宙还在延伸。

扫码查看《2140·碳硅圣杯》AI电影片段

镜头生成

镜头生成是 AI 电影中的核心环节，利用先进的 AI 算法，AI 电影制作团队现在能够在没有实际拍摄的情况下生成高质量的视频素材。这些算法可以根据电影制作人的指令，详细重现或创造出复杂的场景、动态的环境以及具有高度真实感的角色。例如，通过深度学习模型，AI 能够学习和模拟自然界的物理规律和生物特性，从而在屏幕上呈现出风吹草动、水流潺潺等自然景观，或者复杂的城市景观，诸如繁忙的街道和光怪陆离的夜景。

此外，AI 在电影特效制作中的应用也为视觉效果带来了革命性的提升。AI 技术可以通过模拟和渲染技术快速生成大量复杂的视觉效果，如爆炸、天气变化或是超自然现象，这些效果以往可能需要大量的物理设备和人工设置才能实现。

AI 技术同样在角色的生成和动作捕捉方面展示了其独特的优势。通过机器学习，AI 可以精确地模拟人类和动物的动作，甚至能够在角色表演中加入微妙的表情和情感变化，使得电影角色更加生动、真实。这一技术不仅为电影中的虚拟角色带来了前所未有的深度，也极大地扩展了剧本的创作空间，使编剧和导演能够探索新的故事线和复杂的情感层面。

AI 在镜头生成中的应用正成为电影制作中不可或缺的一部分。它不仅改变了电影的制作流程，提高了效率和降低了成本，更重要的是，它为电影艺术的创新和多样性开辟了新的道路。通过这些技术，制作团队可以突破传统制作的限制，实现那些曾被认为不可能实现的创意，进而丰富电影的视觉语言和叙述深度。

 6.1 **每个大人物都是你的演员**

在电影制作的历史中，选择和培养演员一直是一个至关重要的环节。每个角色的呈现都需要通过演员的表演来实现，这不仅涉及演员的演技和形象，还包括他们的档期、费用和身体状态等实际问题。然而，通过 AI 技术，任何人都可以成为电影中的演员，无论是已故的历史人物、年轻时的老牌明星，还是完全虚拟的角色。这不仅扩展了角色的选择范围，还赋予了电影创作更多的自由。

　　例如，在一部电影中可以呈现不同年龄段的同一演员，或者创造出虚构人物与历史人物之间的对话。这种演出技术上的突破，不仅丰富了电影叙事的方式，为故事建构提供了多维度的选择，还有潜力催生全新的电影类型和艺术表达形式。

　　在**制作层面**，AI 技术的应用可能会显著改变电影的成本结构。演员的片酬和拍摄周期是电影制作成本的主要部分之一。AI 生成的虚拟演员无须支付高额的片酬，也没有档期冲突的问题。这使得电影制作成本大幅下降，同时也提高了制作效率。AI 还可以在短时间内生成多个场景和角色的表演，减少了传统拍摄中由于演员档期问题而产生的延误。

　　在**创意和表现层面**，AI 技术的灵活性使得导演和编剧可以在创作中尽情发挥想象力。虚拟演员可以扮演任何角色，无论是历史人物、未来战士，还是完全虚构的生物。AI 可以实现传统电影无法企及的视觉效果和故事情节，例如，在电影《阿丽塔：战斗天使》中，主角阿丽塔的形象和动作都是通过 CGI 和 AI 技术生成的，使得她能够展现出超现实的战斗动作和表情变化。

　　然而，要实现这些令人惊叹的视觉效果和创意表现，需要强大的技术支持。让我们一起看看 AI 是如何将创意构想转化为生动影像的。

6.2　人物与角色的口型同步

　　作为 AI 电影的重要组成部分，定制化的数字人赋予了影视作品无限的想象力和创造力。创作者们不受现实条件的限制，可以在虚拟世界中随心所欲地塑造角色形象。我们将一起探索如何利用音频精准驱动口型动画，让你的人物按照分镜脚本的设定动起来，达到根据需求说台词的效果。

》6.2.1《 Heygen

第 1 个网站是 Heygen。进入主页，单击左侧"Avatars"，就可以看到 3 个视频功能的入口，分别是克隆数字人、照片数字人和主播数字人。

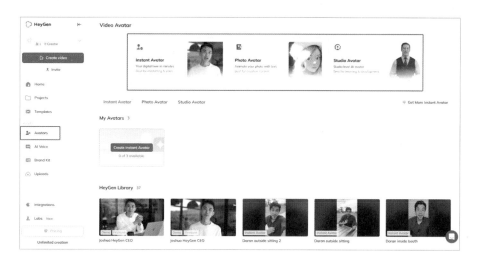

以照片数字人为例，上传准备好的人像图片，选择创建横屏或竖屏的视频，就来到 Heygen 的制作界面了。

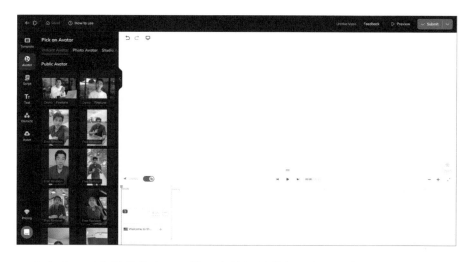

先来看一下它的整体布局。第一个按钮是模板，在这里你可以选中任何你需要的模板。第二个是头像，除了自己的数字人图片，这里也有很多公共的头像。第三个是脚本，可以上传文字后使用 Heygen 自带的声音库实现文本转语音。第四个是文本，可以用模板的字体装饰 PPT 或视频。第五个是元素，在这里可以给画面添加很多 Heygen 提供的素材。最后一个是资产，也就是你上传的素材。

1. 选择角色

我们选择第二个头像中的照片数字人，单击上传，选择在 MJ 生成的《黑客帝国》中的 Neo。

单击图片，拖到右边画布上继续修改。可以看到上方出现了一行功能按钮，下方是剪辑的轨道。

我们先从上面开始，第一个是讲话的风格，第二个是面部表情风格。第三个是可以抠除头像的背景，只要边缘清晰、不太复杂，都可以实现一键抠图。如果比较复杂的话就需要使用其他 AI 工具去抠细节了。第四个是给图片加一个圆形或方形的框架。第五个是提高分辨率。后面几个都是调整图层、位置、切入形式等小功能，可以在使用过程中尝试一下效果。

单击抠图键，稍等一会儿，可以看到给 Neo 的一键抠图效果还是不错的。

2. 上传声音

接下来就是赋予人物声音。同样，可以选择 Heygen 自带声音库中的音源，和 ElevenLabs 一样可以选择声音的语言、性别、年纪等筛选项。

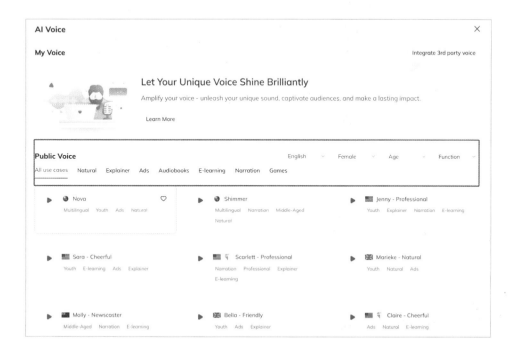

或是直接上传准备好的音频，上传好后我们删除剪辑轨道中原本的文本音频，根据音频再调整一下画面的时长。

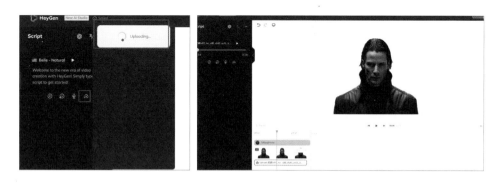

如果想省事一些，也可以单击剪辑轨道再添加一段画面，把新上传的图片拖进去，再上传对应的音频，这样就可以直接驱动两个人物的两段视频了。

3. 生成视频

　　按空格键播放视频，大致预览一下，就可以单击右上角的"Submit"开始驱动
视频。

　　等待一会儿就可以在跳转的页面查看生成好的视频。后期可以再用剪映等剪
辑软件进行剪辑。

》6.2.2《 Pika

　　Pika 是一款集成多种 AI 功能的视频创作工具，其中包含"Try Lip Sync"唇音
同步功能。进入 Pika 官网，单击登录后进入主页面。
　　主页面上方展示了一些案例和参数，下方是输入指令的对话框，还有调整画
面驱动参数的设置，操作界面非常简洁。

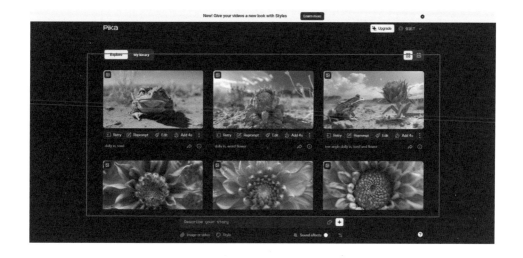

1. 选择角色

单击左下角"Image or video",从本地上传生成好的人物图片,就会出现"Lip sync"的选项,把鼠标放上去会显示一段文字提示,提醒你要上传正面的人像和清晰高质量的音频。单击它,就弹出生成音频的页面了。

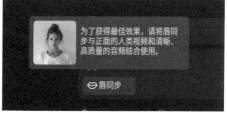

2. 选择声音

文本对话框可以输入台词,需要注意的是,台词句子不要太长,尽量控制生成的音频在 4 秒以内。然后可以在下方提供的声音库中挑选声音,Pika 没有给出每个声音的特点,只能一个个试听。

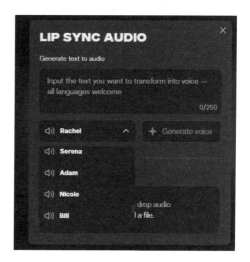

音频页面下方还有一个区域可以上传 mp3 或 mp4 格式的音频。

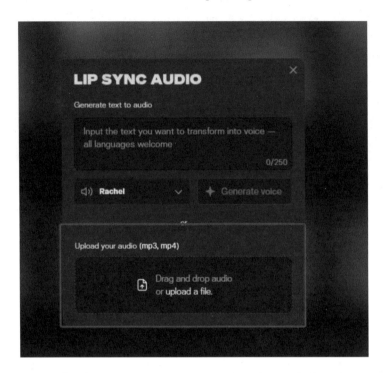

　　音频生成完后，先听一下效果。如果在说话节奏或者发音上有问题，可以重新生成，直到满意为止。Pika 默认生成视频是 4 秒，所以如果你的音频超过 4 秒，需要进行裁剪调整。

3. 生成视频

单击"Generate"，系统会自动根据音频内容来生成对应的嘴型动画。在"My library"中可以查看之前生成的视频记录，偶尔生成的效果不太令人满意，可以多尝试几次。

尽管不同工具的操作界面各异，但驱动人物与角色的核心步骤大致相同，可以概括为 3 个关键环节：**准备角色图片→准备人物声音→驱动生成视频**。掌握这些技巧，你就能创造出 AI 电影所需的基础人物镜头素材。但完整的电影不仅仅依赖于角色的生动表现，还需要将这些角色置于合适的环境中。

6.3 镜头场景的生成技巧

在 AI 电影制作中，镜头场景的生成是一个至关重要且富有创意的过程。它不仅为角色提供了活动的舞台，在营造氛围和情绪、引导观众思维等方面也发挥着重要的作用。

»6.3.1« Runway

Runway 的视频生成功能同样支持通过输入提示词，或上传图片生成惊人的视频画面，并且还提供多种视频后期处理功能。

1. 文本生成视频

第一种方法是文本生成视频，在文本对话框输入提示词，选择画幅及风格等设置后，单击"Free previews"按钮，即可在右侧预览生成的 4 张图片。

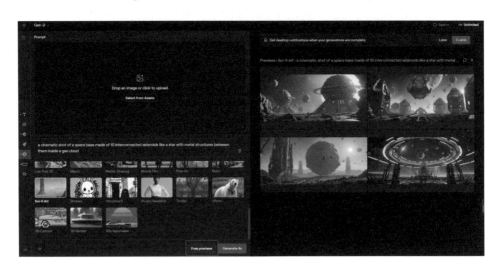

单击"Use as image input"按钮，选择最满意的一张图片作为输入数据，重新调整一下设置，单击"Generate 4s"就可以生成视 频了。

2. 图片生成视频

第二种方法是图片生成视频，也是最常用的功能。直接单击中间部分，上传准备好的场景效果图，接着调整设置参数。

完成后单击提交，就可以等待生成视频了。

3. 文本＋图片生成视频

第三种方法是文本＋图片生成视频，可以直接上传图片，结合提示词，设置参数配置后生成视频。

Runway 的局限是目前单次生成视频的时长有限。解决办法是，可以通过设置 Seed 值来保持视频风格的一致性，并生成多个视频片段，然后经过剪辑和拼合成来制作成长视频。

》6.3.2《 可灵

可灵大模型同样能创建高清晰度的视频，支持灵活的宽高比设置，且操作方法简单。

✎ 第一步：选择图片。

首先，进入可灵的官方网站，可以在"AI 图片"中生成图片，或者选择"AI 视频"，单击"图生视频"，上传一张你想要制作的图片。需要注意的是，图片的清晰度越高，生成效果越好，这点对所有的 AI 工具都适用。我们上传一张火星科幻场景的图片。

✎ 第二步：描述画面。

上传完图片后，就可以输入图片创意描述了，描述可以在很大程度上放飞脑洞，不过需要注意法律法规的边界，触碰到边界就会提示失败。

这里我们根据这幅画给设置一些描述词：全景，有动态感，飞船在高空飞行，高清，夕阳西下。

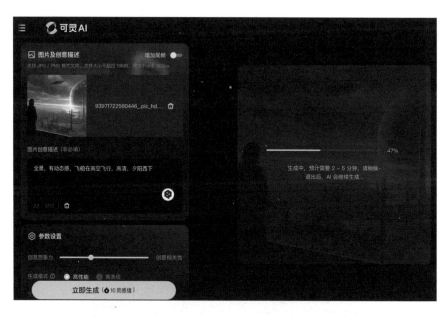

输入提示词后，单击"立即生成"，驱动的视频就会在右侧出现了。

》6.3.3《 Sora

Sora 凭借其逼真的生成效果和高效的制作流程,在 AI 视频软件中独树一帜。与其他软件相似,Sora 支持通过文字或图片直接生成视频。但其独特之处在于,它将 AI 视频创作与传统剪辑功能相结合,提供了一种更为集成化的创作体验,为内容创作者带来了更多可能性。

1. Remix 功能:视频画面重绘

Remix 的功能类似于 AI 绘画软件中的局部修改功能。在视频编辑界面下方选择 Remix 功能后,在对话框中输入指令,并通过调节参数来控制效果的强弱,单击生成按钮后,就可以在队列里看到修改后的视频了。

这个功能的应用场景不仅限于调整人物特征,还可以用来改变场景或为整个视频更换背景,且修改效果流畅自然。随着这一功能的普及,后期特效的制作门槛预计也将逐渐降低。

2. Re-cut 功能:剪辑与延长画面

Re-cut 的功能主要用于视频片段的剪辑和时长延展,单击按钮后,它会在视频编辑界面下方加入一条可以滑动调整的时间轴。

在默认情况下,这个时间轴的总长度与视频原本的长度一致。但通过参数设

置，用户可以将总时长进行延长，此时时间轴上就会多出几秒没有任何内容的空白区域。用户可以拖动视频片段来改变已有视频片段的位置，而 Sora 会根据原视频内容自动填补这些空白部分，从而实现视频延长。

还可以单击"S"按钮，视频就会被从中间切开，调节两个片段的出点和入点，会在两个视频中间预留出一段空白区域，单击"Greate"按钮后，就能实现单独延长这个镜头了。

3. Blend 功能：无缝转场过渡

Blend 功能可以在不同的视频之间创建出丝滑的转场过渡效果，用户上传电脑本地视频或选择 Sora 资料库中的视频后，会进入一个编辑界面。

在这个界面中，可以通过拖动两侧边缘的滑杆来控制过渡时间的长短，也可以按照系统默认的设置直接单击生成。转场的效果则需要通过中间的曲线来微调转场的细节，从而制作出各种有趣的视觉转场效果。

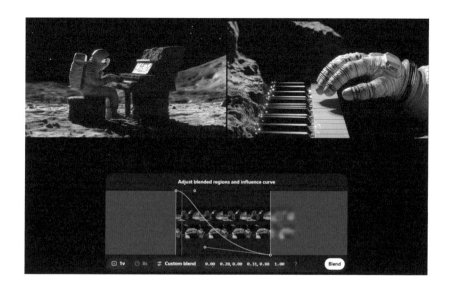

4. Loop 功能：画面无限循环

有时我们需要能够可以无限循环播放的视频场景，但由于视频开头和结尾的帧常常不同，很容易导致视觉上的"卡顿"感，而 Loop 功能可以帮助我们创建循环播放的视频片段。

用 Loop 打开视频后，它可以选取视频开头和结尾的一部分。单击"Loop"按钮生成，就能迅速获得一个能够无限循环播放的视频。

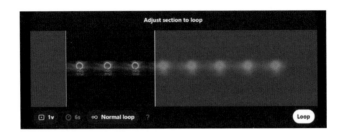

从 Sora 功能发布到正式上线，国内外的 AI 视频模型在不到一年的时间里经历了多次优化。相信随着 AI 技术的不断迭代升级，未来 AI 视频的可操作性会极大地提升创作者的创作效率，帮助我们快速实现天马行空的电影创意。

6.4　AI生成视频特效

在电影的视觉叙事中，人物和场景是构建故事世界的基础。而视觉特效则是一个强有力的辅助工具，它能够巧妙地增强画面的表现力和说服力。通常我们所熟知的视频特效也就是视觉特效，主要分为以下几个类别。

特效类型	应用
环境特效	天气效果（雨、雪、雾）、火焰和爆炸、水和海浪模拟
角色特效	数字化妆（如年龄变化、伤疤）、角色变形（如狼人变身）、虚拟角色（如外星生物、动画角色）
动作增强	超级英雄飞行、夸张的打斗场面、慢动作效果
物体操纵	悬浮或移动物体、物体变形或消失
光线和颜色效果	激光束、光剑效果、色彩增强或改变
时空效果	时间扭曲（如子弹时间）、传送效果、平行宇宙转换
数字化群众	复制少量演员创造大规模场景
微缩模型和实物特效	爆炸模型、微缩城市场景

使用 AI 工具来生成视频特效，通常按照添加的阶段可以分为三个思路。

思路一：在前期加特效

我们可以在画面生成阶段，也就是前期使用 AI 绘画软件生成画面时直接生成带有特效的画面。

在这一过程中，可以直接在提示词中输入天气、物理特效、角色妆容、粒子特效等特效描述，例如"暴风雨中的城市街景"或"带有伤疤的未来战士"，让 AI

生成包含相应特效的基础画面。然后通过 AI 视频生成和编辑工具进行驱动。这种方法的优势如下。

① 一次性生成：特效直接融入画面，减少后期处理工作。

② 自然融合：特效与场景更加和谐，避免后期合成的突兀感。

③ 创意自由：可以生成传统方法难以实现的复杂特效组合。

然而，这种方法也有一定局限性。

① 控制精度：对于需要精确控制的特效，可能难以实现细节调整。

② 迭代困难：如果需要修改特效，可能需要重新生成整个画面。

思路二：在中期加特效

中期也就是准备素材阶段，我们可以在利用 AI 视频工具对图片素材进行驱动的时候，在提示词中加入特定的动作或效果描述，例如"披着斗篷的小男孩飞向天空""眼睛发射出激光"等，指导 AI 按照描述的行为生成动态效果。

此外，我们还可以通过 AI 进行视频风格转绘，改变整体画面的风格或场景。或通过 AI 软件的视频区域修改和画布拓展功能在画面中添加新的特效。

这种方法的优势与之前提到的类似，局限性在于要在视频中直接生成满意的特效比在静态图片中更具挑战性。

思路三：在后期中加特效

后期阶段，通常可以使用传统的视频编辑软件，如 Adobe Premiere Pro（PR）、After Effects（AE）或者剪映来添加视频特效。这一阶段可以分为以下几个步骤。

（1）导入视频素材

将所有需要处理的视频片段导入视频编辑软件，按照时间线进行排列和剪辑。

（2）添加特效

• 在 PR 或 AE 中，可以通过内置的特效库或者外部插件添加各种特效。例如，可以使用 AE 的粒子系统生成爆炸效果，或通过 Mocha 插件进行复杂的跟踪和替换。

• 在剪映中，可以直接使用其丰富的特效预设，比如闪电、烟雾、火焰等效果，简单快捷地为视频添加特效。

（3）使用 AI 辅助特效

结合 Runway ML、DeepArt 等 AI 工具，可以进一步增强特效效果。例如，通过 AI 生成的风格转移技术，将视频片段转换为手绘风格，或者使用 AI 进行面部替换和背景更换。

（4）细节调整

对添加的特效进行细节调整，确保特效自然融入视频。这包括调整光影效果，使得特效与原视频更加协调，或通过关键帧动画控制特效的动态变化。

（5）渲染输出

最后，将完成的作品进行渲染输出，确保视频质量符合预期。

这种在后期制作阶段综合运用传统视频编辑软件和 AI 工具的方法，为创作者提供了强大的制作能力，但同时也存在一定局限性。后期添加特效可能需要更高的计算资源和时间成本。

通过以上几个思路和步骤，AI 视频生成工具在视频特效制作中扮演着越来越重要的角色，既可以在前期和中期生成特效元素，也可以在后期增强和整合特效，从而提升视频制作的效率和效果。

 # 6.5　实例场景分析

在前面的章节中，我们分别了解了《2140·图灵梦境》和《2140·丝绸之路》这两部科幻微电影剧本设计和画面生成的过程，接下来让我们通过具体案例来感受如何巧妙运用 AI 视频工具，将静态画面转化为生动的影像，从而创造出 AI 电影中精彩的镜头。这个转化过程主要分为两个关键步骤：素材准备和动态驱动。

»6.5.1« 素材准备

在素材准备阶段，首先根据精心设计的分镜本构思，利用先进的 AI 软件生成基础的人物和场景画面，同时准备相应的音频素材。这些初始素材是后续工作的基础。

完成初步生成后，我们将这些图片放入分镜脚本中，仔细审视整体风格的一致性。这一步骤至关重要，因为它能帮助我们及时发现需要调整的图片，并进行必要的修改。这个过程确保了所有素材在进入下一阶段前都达到了质量标准，并保持风格的统一性。

》6.5.2《 动态驱动

接下来，需要根据不同素材的特性，选择最适合的软件进行动态处理。这个阶段可以细分为人物画面和场景镜头两个部分。

1. 人物画面

对于人物画面，首先分析具体需求，如是否需要口型同步或特定的动作驱动。

① 口型驱动。

人像：

台词：是啊，哪一次不是陷阱呢？我也反对。

在《2140·丝绸之路》中，这个人物需要说出"是啊，哪一次不是陷阱呢？我也反对"这句台词。对于这样的对话场景，我们优先考虑使用 Heygen 或 D-ID 这类擅长口型同步的 AI 工具。

② 动作驱动。

人像：

台词：老师，B135 已经快承受不住了，今天可以减轻她的任务吗？

相比之下，《2140·图灵梦境》中的这个画面，人物背对着镜头，需要驱动的是人物的动作而非口型，因此可以选择使用带有笔刷功能的 AI 驱动工具，可以精确地为手臂等特定部位设置向下滑动的动作。

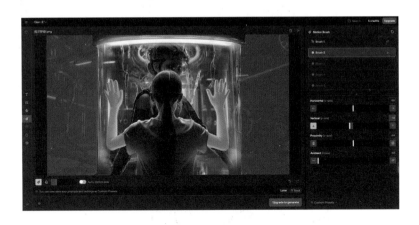

2. 场景镜头

处理场景镜头时的方法会根据画面的不同功能和特点而变化。

① 空镜场景。

在驱动单个或多个空镜场景，尤其是需要呈现多个场景镜头的拼接时，Luma 或可灵等工具往往能提供较好的效果。为了确保最佳的视觉连贯性，系统性考虑镜头间的空间方向连续性和视觉流动性至关重要。这不仅包括画面构图的匹配，还涉及光线、镜头运动和景深的协调。

为实现这一目标，可以充分利用 AI 软件本身的功能，如调整运动镜头方向等设置。同时，在文本描述中添加专业的驱动指示词，能够引导 AI 更准确地将二维平面转化为动态视频。这些技巧不仅能增强场景转换的流畅度，还能为后续的非线性编辑和后期制作奠定坚实基础。

剧本： 历经六体空间、魔法星球、中子星世界、时间螺旋，死亡文明这样的炼狱。

场景：

　　结合《2140・丝绸之路》的剧本分析，这段是宇宙多元文明的空境场景，在进行动态驱动时需要考虑画面构图和整体镜头语言的统一性，应该根据各自的画面结构进行轻微的放大或旋转，保持视觉连贯性的同时，增强整体序列的动态张力，维持整体叙事的视觉连贯性。

　　② 人物互动场景。

　　对于包含人物的场景，需要进行更为细致的分析和处理。以《2140・丝绸之路》中人类文明代表在会议中讨论是否加入丝绸之路联盟的关键场景为例，这个场景不仅需要考虑画面中实体人物的动态，还要处理会议屏幕上显示的其他参会者的画面。

剧本：（中队长4）是啊，哪一次不是陷阱呢？我也反对……

　　　　反对声音一片……

场景：

在这种复杂场景下，我们优先选择具有精确笔刷功能的 AI 工具，如 Runway。这类工具允许我们对画面的不同区域进行精细控制，为各个元素赋予独特的动态效果。

就驱动效果而言，我们可以从 3 个细节进行处理：

• 为会议屏幕添加微妙的晃动效果，模拟真实视频播放的状态。这可以通过在 AI 工具中设置轻微的位移和扭曲参数来实现。

• 对画面下方的与会人群，添加细微但可辨识的动态，例如轻微的身体摆动。通过在文本提示中描述这些动作，或使用 AI 工具的局部动画功能可以为场景注入生命力。

• 整体场景应用缓慢而细微的放大效果，营造出一种渐进的紧迫感。

通过精细的处理，后期将其他角色的面部驱动视频叠加到场景中的屏幕上，最终可以实现这种预期中的视觉效果，使整个画面更加生动且真实。

完成所有素材的驱动后，我们就拥有了一系列生动的动态片段，每一个都承载着特定的叙事功能，传达视觉魅力。

6.6 镜头生成在AI电影制作中的意义

在 AI 电影制作过程中，镜头生成是一个至关重要的环节。通过先进的 AI 技术，创作者可以在短时间内生成符合特定要求的镜头，从而大幅提升了影片制作的效率和质量。镜头生成的过程需要合适的关键词来控制，这一过程目前主要依赖于 AI 软件技术的进步，但未来则可能更多地依赖于人的技术操作和创意。

现阶段，镜头生成与 AI 软件技术密不可分。AI 能够根据输入的关键词和参数，自动生成符合要求的镜头。随着 AI 技术的不断发展，镜头生成的效率和质量将进一步提升。未来，我们可能会看到更加智能化和个性化的镜头生成系统，能够根据创作者的风格和偏好，自动生成更符合其需求的镜头。通过 AI 辅助镜头生成，创作者将能够更自由地发挥他们的想象力和艺术才华，推动电影制作进入一个新的时代。

Chapter
07
第 7 章

影片剪辑

7.1 AI在视频剪辑中的应用

随着生成式 AI 技术的飞速发展，视频剪辑领域正经历一场前所未有的革命。传统的剪辑流程和技巧正在与先进的 AIGC 工具深度融合，为创作者带来全新的可能性。这种基于生成式 AI 的剪辑新思路正在改变视频剪辑的生态，视频内容自动解析、场景变化识别、音质智能优化、艺术风格迁移，这些技术突破不仅大幅提高了剪辑效率，还为电影创意表达提供了新的维度。

》7.1.1《 AI驱动的视觉内容生成

生成式 AI 在视觉内容创作方面的进展尤为显著。Midjourney 和 DALL·E 等工具可以根据文字描述生成高质量的图像，而 Runway 等平台则可以生成和编辑视频内容。

通过输入详细的场景描述，AI 能够生成独特而富有想象力的视觉效果，为后续的实拍或 CG 制作提供宝贵的参考，这样不仅节省了大量时间和预算，还拓展了创作者的视觉想象空间。

》7.1.2《 智能剪辑和镜头选择

AI 智能剪辑工具可以自动裁切视频素材、评估图像质量、提取图像主体、识别图像内容。以 Adobe Sensei AI 技术为例，它可以自动识别视频中的关键场景并进行剪辑分割，生成连贯的视频片段；在改变视频的宽高比时，它可以自动调整视频中的主体位置，保持视觉焦点，同时实时跟踪视频中的移动对象，自动调整构图，确保拍摄对象始终保持在画面中心。

》7.1.3《 智能字幕匹配

自动生成字幕功能可以自动将视频中的语音转换为文本，生成字幕，同时识别并翻译不同语言的视频内容。在编辑过程中，AI 能够实时生成对应时间轴的字幕，随时提供预览和修改。此外，可以在 AI 软件内置的多种字幕样式和动画效果中进行选择和自定义，协调字幕样式与画面风格。

》7.1.4《 AI 驱动的音频处理和音乐创作

AI 技术在音频领域也展现出多方面的强大能力。它可以自动识别并去除背景噪声，提升语音清晰度和音量，以及修复各种音频问题。对于复杂的多轨音频项目，AI 能自动将多轨音频对齐，大大简化了后期制作流程。

此外，生成式 AI 在音频创作方面也已经能创造逼真的人声和原创背景音乐。这些 AI 技术不仅提高了音频质量，还显著提升了音频处理的效率。

》7.1.5《 视频增强和风格转换

生成式 AI 在实时视频处理方面也取得了突破性进展。例如，NVIDIA 的 AI 绿幕技术可以在没有物理绿幕的情况下实现背景替换，而 Snapchat 的滤镜则利用 AI 实现了实时的面部和场景增强。

》7.1.6《 视频智能化修复

生成式 AI 在视频修复方面的突破主要聚焦于视频分辨率的提升、噪点的减少以及帧率的增加。

使用 AI 软件处理一部老电影，不仅能够去除年代久远带来的噪点和划痕，还能智能提升画面分辨率，使得老电影呈现出接近现代标准的画质，为电影保护工作带来了新的可能性。

》7.1.7《 多语言本地化

生成式 AI 在视频本地化方面也展现出巨大潜力。

使用 AI 软件，可以通过脚本输入、虚拟主播选择、自动化视频生成等一整套流程，快速生成高质量的多语言视频，大大减少了繁杂的传统配音和重复拍摄。

7.2 AI辅助的粗剪

作为剪辑工作流之首，粗剪是验证想法的关键步骤，在这一步需要将选定的镜头片段在剪辑软件中进行组合，填入剪辑软件的时间轴中。片段组合需要考虑镜头之间的连贯性和叙事节奏，镜头的选取是电影叙事的关键基础，通常需要根据剧本和场景表达需求进行精细化选择，以更好地表现故事的情节和情感。

例如，在表现人物内心情感时，可以选择特写镜头，以突出人物的表情和情感；在表现人物动作时，可以选择长镜头，以展现人物的动作和姿态。接着调整对话镜头、独白镜头的持续时间和切换点，更好地控制电影的节奏和情感强度。

粗剪的流程可以概括为：

① 快速浏览素材；

② 选择关键镜头放入时间线；

③ 调整镜头顺序，确保叙事逻辑；

④ 删减冗余内容，保留核心信息。

粗剪阶段可以进行大胆的尝试。在前期分镜阶段，设想的镜头顺序或者叙事方式与剪辑时预览的感觉不一样，或者突然灵感爆发有更好的想法，这些都属于合理范畴内的变动，在分镜阶段进行调整是最佳时间，方便进行画面素材的重新调整。

完成粗剪可以让我们对影片有更全面的了解，目前有一些 AI 剪辑工具支持简单的图文成片或者自动剪辑，如剪映的图文成片功能，可以根据文案一键成片，高效完成粗剪；OpusClip 则是专为口播对话类视频进行切片剪辑的 AI 工具。

7.3 AI电影中的精细剪辑

»7.3.1« 声音的剪辑

1.音乐对视频情感的影响

粗剪完成，进入精细化剪辑阶段，第一步需要对视频音乐进行精细化处理。音乐在电影中扮演着至关重要的角色，它能够引导观众的情绪，强化影片的氛围，一部影片里面包含的原声音乐多达十几首，音乐本身就是故事的一部分。

首先，需要理解影片的整体情感走向和每个场景的具体氛围，细心判断主体氛围的类型，比如紧张刺激的追逐戏、温馨感人的家庭场景、悬疑重重的解谜过程、轻松愉快的日常片段等。

根据影片节奏进行音乐选择，为不同的情感搭配不同风格的音乐。

在快速切换的画面和紧张的剧情中，快节奏的音乐能够加强观众的紧张感；而在慢节奏的回忆或叙述中，柔和缓慢的音乐可以引导观众深入角色内心，感受角色的情感变化。

此外，需要考虑音乐本身与画面的配合程度。有时，音乐的旋律和节奏可以完美地配合画面中的动作和节奏，形成视听上的和谐统一；有时，音乐可以与画面形成对比，通过音乐的张力来强化画面的情感效果。

2. AI 音乐生成工具

配乐的核心关键词至关重要，无论是音乐搜索，还是 AI 音乐生成，都需要掌握精准的音乐关键词。

类型	关键词
风格类	Cinematic（电影风格的）、Ambient（环境音乐）、Epic（史诗般的）、Dramatic（戏剧性的）、Orchestral film music（管弦乐电影音乐）
情感类	Dramatic（戏剧性）、Emotional（情感）、Suspenseful（悬疑）、Energetic（活力的）、Melancholic（忧郁的）、Inspirational（鼓舞人心的）
场景类	Action（动作）、Romantic（浪漫）、Sci-fi（科幻）、Mystery（神秘）、Nature（自然）
节奏	Slow（慢节奏）、Fast（快节奏）、Building（递进的）、Pulsing（脉动的）

3. 音乐的剪辑

选择音乐后，需要进行音乐的剪辑和调整。根据影片的长度和节奏，将一首完整的歌曲进行裁剪，或将多首歌曲进行拼接，以达到最佳的效果。拼接需要选择节奏、旋律或鼓点相同的音乐片段。此外，为了保证配乐与对话、音效的和谐，需要调整音乐的音量与平衡。

完成音乐的剪辑和调整后，整个声音的剪辑工作就基本完成了。

1. 镜头语言与叙事

镜头的切换是电影叙事的关键,在精剪阶段可以通过调整镜头的切换频率和切换方式,控制故事的整体节奏和情感强度。

例如,在表现紧张刺激的场景时,可以采用镜头快速切换,以增强观众的紧张感;在表现温馨感人的场景时,可以采用镜头缓慢切换,以引导观众深入角色内心,感受角色的情感变化。

镜头运动是电影叙事的亮点,可以用来表现故事的氛围和情感。除了 AI 驱动阶段生成运镜效果,还可以结合 AI 扩图和后期的二次运镜,展现出宏大场景的氛围感。通过精确镜头的运用,我们可以很好地表现故事的情节和情感,塑造人物形象,传达主题思想。

2. 转场与视觉流动性

初学者喜欢在每个镜头之间,加上炫酷的转场过渡效果,但这些效果往往会让这个片段显得出戏,影响整个影片的观感。

在影视中最常用的转场是硬切,即无转场,直接从一个镜头切换至另一个。硬切可以用于表现事件的突然发生。

除了硬切,淡出淡入和交叉溶解也是常用的两种过渡方式。淡出淡入通常加在镜头开始与结束,表示前场景的结束和后场景的开始;交叉溶解,也称叠化,既是转场方式也是一种表达手段,短叠化可以表现画面的变化,长叠化可以表现时空的重叠。

视频转场效果表

转场效果	描述	适用场景
硬切	直接从一个镜头切换到另一个	常规场景转换,保持节奏
淡入淡出	画面逐渐出现或消失	开始或结束场景
交叉溶解	两个镜头逐渐重叠过渡	表示时间流逝或场景变化
擦除	新画面从一个方向"推开"旧画面	多种形式:直线擦除、圆形擦除等
推拉	新画面推动旧画面离开画面	水平或垂直方向
变焦转场	通过放大或缩小画面实现转场	突出特定细节或拉开场景
闪白	短暂的白色或其他颜色画面	表现突然的变化或冲击
模糊转场	通过模糊效果实现画面转换	表现回忆或梦境
形状遮罩	使用特定形状作为转场媒介	创造独特的视觉效果
数字转场	利用数字效果,如像素化、扭曲等	科技主题或特殊风格的作品

≫7.3.3≪ 剪辑的完整感与统一

影片的气质塑造也是我们在后期阶段需要考虑的关键因素，涉及多个方面的协调和统一，最直观的方式是从视觉和听觉上切入进行气质塑造。

1. 视觉

在 AI 工作流下的电影制作过程，为了达到画面风格统一的目的，通常需要使用特定颜色的风格来表现，即调色。如科幻电影中常选择冷色调，以营造出未来感与科技感；爱情电影则常用暖色调，营造温馨浪漫的氛围。

在调色过程中，可以使用剪辑软件中的 AI 颜色匹配来进行颜色的模仿和整体颜色的统一，过程十分快速便捷。

当然，AI 技术并不能完全取代调色师的工作，因为调色不仅是技术活，更是一个需要艺术感知和审美判断的过程。只有经验丰富的调色师，才能根据电影的主题和风格，选择出最适合的色彩风格，让画面呈现出最佳的效果。

2. 音效展现

听觉也是影片气质的重要部分，除了人声对话和音乐，音效更是营造影片氛围的不可或缺的要素。精心设计的音效能够迅速将观众拉入电影的情境中，仿佛真的成了电影中的一部分。

在一部悬疑片中，当主角悄悄接近那个隐藏的秘密房间时，轻微的脚步声、心跳声，以及细微的木质地板嘎吱声，都在为紧张的气氛增添神秘色彩，音效让观众的心跳不自觉地加快。

抑或是一部科幻大片，当宇宙飞船穿越星际，穿越黑洞，那种浩瀚无垠的宇宙空间所带来的音效，既充满了科技感，又令人感受到无比的渺小与震撼。音效设计，无疑为影片增添了更多的冲击力，让观众仿佛真的置身于那遥远的星空之中。

根据场景和氛围的需要，精心挑选适合的音效素材并进行适当的调整和混音，广阔的场景需要给音效适当增加一些混响，反之减少。

Pika 等 AI 工具可以为上传的视频添加音效，只需要单击上传视频或图片，接着单击音效按钮，对画面中的声音进行文字描述，然后单击生成即可。

音效的运用将使得影片更加生动真实，让观众更加深入地感受到影片所营造的氛围，增加影片的质感。

》7.3.4《 AI电影中的视频增强

目前，使用 AI 工具进行视频增强是视频后期制作中的一个非常流行的做法。这些工具可以显著提高视频质量，节省时间和资源。

1. 视频增强的核心要素

视频增强技术涵盖了多个要素，每个要素都针对视频质量的特定属性，我们将详细讨论这些核心要素。

（1）分辨率提升（超分辨率）

分辨率提升，也称为超分辨率技术，是视频增强中最常见的需求之一。这项技术能够将低分辨率视频提升到更高分辨率，例如将 1080p 视频提升至 4K。在这一领域，Topaz Video Enhance AI 和 DaVinci Resolve 的 Super Scale 是出色的工具。这些工具的主要优点在于能够在提高分辨率的同时保持细节，有效减少像素化和模糊现象。

（2）帧率增加

提高视频的帧率可以显著改善动作的流畅度，为观众带来更加丰富的视觉体验。在这方面，DAIN (Depth-Aware Video Frame Interpolation) 等工具可以将 24fps 的视频转换为 60fps 或更高帧率，使动作看起来更加流畅自然。

（3）降噪和锐化

在低光环境下拍摄的视频常常伴随着噪点。降噪和锐化技术能够有效改善这一问题。Neat Video、Topaz DeNoise AI 等工具不仅能减少视频噪点，还能同时保持或增强细节，适用于低光环境拍摄的视频。

（4）稳定画面

相机抖动可能严重影响视频质量，画面稳定技术能够创造更平滑的观看体验。DaVinci Resolve 和 Adobe After Effects 的 Warp Stabilizer 等都是广受好评的稳定器工具。它们能有效减少相机抖动，帮助创造出更加专业和稳定的画面效果。

（5）面部修复和美化

面部修复和美化技术在社交媒体内容和个人视频制作中尤为重要。FaceApp，Adobe Premiere Pro 的面部修饰工具，剪映的美颜功能都有强大的面部处理能力。这些工具可以实现平滑皮肤、调整面部特征，甚至改变体形和妆容。

（6）智能裁剪

随着不同社交平台对视频比例要求的变化，智能裁剪技术变得越来越重要。以 Adobe Premiere Pro 的 Auto Reframe 为代表的工具能够自动调整视频比例，使其适应不同平台的要求，如将横屏视频转换为竖屏格式。

注意事项

尽管 AI 视频增强工具带来了诸多便利，但在使用过程中仍需注意以下几点。

① 保留原始文件：始终在副本上进行操作，保留原始文件以备不时之需。

② 注意版权问题：某些 AI 增强可能会显著改变原始内容，使用时需考虑潜在的版权影响。

③ 不要过度处理：过度使用 AI 增强可能导致视频效果不自然，应当适可而止。

④ 结合人工判断：AI 工具应作为辅助手段，最终效果仍需经过人工审核把关。

⑤ 硬件要求：许多 AI 工具对硬件有较高要求，尤其是 GPU，使用前应确保硬件配置足够。

⑥ 学习成本：尽管这些工具简化了很多流程，但掌握它们仍需要一定的学习时间和实践。

2. AI 视频增强工具

目前市场上最先进的 AI 视频增强工具大部分依托于深度学习技术，特别是卷积神经网络（CNN）和生成对抗网络（GAN）。这些工具在提高视频质量、增强细节、提升分辨率等方面表现出色。以下是几种先进的 AI 视频增强工具及其特点和优势。

（1）基于深度学习的视频编码增强

特点与优势：利用深度学习算法，如卷积神经网络，对视频进行超分辨率处理和图像修复。这种方法可以在不增加系统计算开销的情况下，显著提高视频的压缩效率和视觉质量。

应用实例：基于 FRCNN 的新编码系统可以实现 3.8%~14.0% 的 BD-Rate 下降，同时保持与 HEVC 的兼容性。此外，通过设计图像修复—超分辨率综合卷积神经网络，可以进一步提升提高层的编码效率，使增强层比特率减少最高 40%。

（2）实时视频增强技术

特点与优势：采用 FPGA 实现的实时视频增强技术，能够快速处理高帧率的视频数据，有效提高目标跟踪精度和视频的整体视觉效果。例如，使用 CLAHE 算法在 FPGA 上实现的视频增强系统，可以在保证实时性的前提下，明显提升视频的对比度和目标识别能力。

应用实例：针对雾霾等恶劣天气条件下的低对比度视频，通过 FPGA 实现的 CLAHE 算法可以有效地改善视频质量，提高目标跟踪的稳定性。

（3）智能图像分类与视频画质增强

特点与优势：结合人工智能、图像分类与 VPU 控制参数，实现视频场景的动态画质优化。通过深度学习算法识别不同视频场景，并根据场景类别匹配最优的图像质量参数，从而达到画质的最优化。

应用实例：电视芯片中通过实时场景响应自动匹配对应的 PQ 参数，改善图像的饱和度、亮度和对比度，尤其是在暗场景中的细节增强表现突出。

这些先进的 AI 视频增强工具不仅提升了视频的质量和观看体验，还扩展了视频应用的场景和功能，如虚拟现实、可交互视频等新兴应用场景。

7.4 从素材到成片——AI电影实例：《2140·图灵梦境》

经过前面的知识铺垫，我们现在可以通过一个具体的剪辑实例，来实际演示从素材到成片的剪辑流程。这个过程将涵盖从素材到后期再到成片的多个环节，让我们一步步将零散的素材打造成一部完整的短片。

可以再重温一遍《2140·图灵梦境》这部影片，再来看后面的案例解析，会更好理解一些。

1. 粗剪阶段

在《2140·图灵梦境》的粗剪阶段，我们将影片按照脚本结构分为四个部分。

第一部分

1. （话外音，赛德丽）老师，梦是什么？
2. （话外音，姜老）梦是高维数据的投影。
3. （话外音，赛德丽）老师，你收集梦境做什么？
4. （话外音，姜老）寻找宇宙中更深邃的知识。
5. （话外音，赛德丽）老师，你如何破解梦境？
6. （话外音，姜老）用量子模拟量子。
7. ……
8. 天哪？这就是图灵梦境吗？
9. 真漂亮，它像一条星河？

第二部分

10. 图灵梦境是一款沙盒式探索、对抗、解谜游戏，拥有自己的经济体系。
11. 从理论上讲可以无限扩展，它是一款真正的"去中心化游戏"。
12. 没人知道它的开发者是谁，连 FBI 都不知道。
13. （小鹏）你真幼稚，还在玩图灵梦境游戏！
14. （路人 1）嗄，那可是神的游戏！
15. （路人 2）哈哈发财了，我又破解了一块碎片。
16. （路人 5）冯诺，能把你的私人字典结构吗？
17. （路人 4）再次警告你，别上传梦境！
18. （路人 3）第二块碎片，它说的是"反思者罪"？
19. （天主教皇）图灵梦境的背后有阴谋，上帝不允许这么做。
20. （伯努利）你想得太多了，人脑就是一台超级计算机而已。
21. ……

第三部分

22. 图灵梦境将人脑梦境连接到量子网络，
23. 利用 Har-F 模型光谱遗传学激活技术构建一个光学脑—脑接口，
24. 基于光学记录和刺激的脑—脑接口实现了数据同步，
25. 采用矢量路径积分函数使得各种信息无限逼近原函数值。

第四部分

26. 星 菲：赛德丽，到底发生什么了？
27. 赛德丽：梦源体正在一个接一个地死去！
28. B135：他们来了！他们要惩罚我们！
29. 赛德丽：老师，B135 已经快承受不住了，今天可以减轻她的任务吗？
30. 姜 老：不能，贝叶斯网络已经在倒计时了。
31. 冯 诺：姜先生？你为什么要叫它"图灵梦境"呢？
32. 姜 老：叫笛卡儿梦境可能更合适。
33. 夏 蜗【旁白】：立即退出图灵梦境，否则，死。

　　第一部分主要是通过赛德丽与姜老的对话，引发对于梦境的思考，我们对影片的第一部分进行了几组镜头思路的尝试，验证我们的剪辑想法，一共迭代了 3 个粗剪版本。

《2140·图灵梦境》第一部分关键帧

　　主要区别在前面的 5 个镜头，在第一版粗剪中，我们选用的镜头更偏角色的近景和特写，两位主角在同一时空，通过角色间镜头的来回切换，匹配角色的台词。但对于短片来说，前面这一部分的画面略显重复，且画面少了些动态部分和科技感。

　　于是在第二版粗剪中，重新生成了画面，添加了颇具科技感的全息元素，调整了部分镜头的景别。前面这两版对于赛德丽和姜老的对话，我们想象还是处于同一场景中，对于梦境相关的表现较少。

所以在第三版中，我们将姜老的前几个镜头设定为与赛德丽在不同的时空中，以赛德丽作为主线视角，姜老作为辅线呼应，重新生成了更加科幻、更符合梦这一抽象化概念的图，代入赛德丽的视角，一步步揭开梦境的真相。

在第一部分定好后，后面部分的画面选择上就比较清晰了。

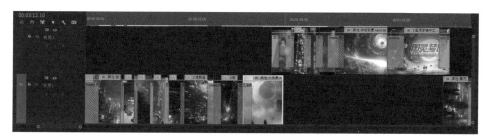

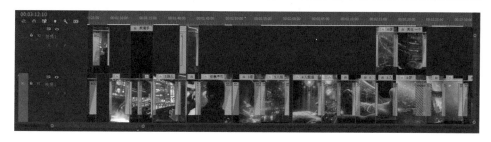

确定好画面的粗剪后就准备开始进行精剪了。

2. 精剪阶段

进入精剪阶段，我们就准备来细化《2140·图灵梦境》这部影片的画面、声音，让整体的节奏、画面、情绪进一步加强。

（1）声音剪辑

首先完善主要的音频部分，即人声和音乐。

① 人声。只需将准备好的角色配音和粗剪画面匹配上即可，有些画面经过了声音驱动，所以在粗剪时就已经匹配好了，像旁白和画外音，就只需根据画面节奏来添加即可。

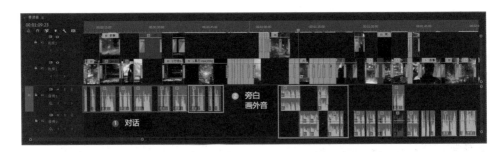

然后就是给人声增加一些混响的空间效果，提升下人声的响度。

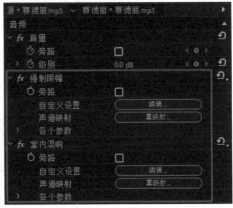

② 音乐。《2140·图灵梦境》全片只使用了一首背景音乐，时长是 2 分 16 秒，音乐风格是紧张、重击、偏宇宙史诗感的电影风格配乐。搜索关键词为：Epic、Cinematic Hit、Space。

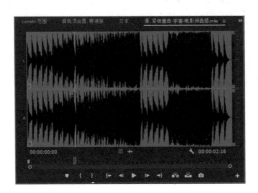

这里有个选音乐的小技巧：在匹配好人声配音的部分后，可以在找背景音乐的同时，后台播放粗剪片段进行试听，觉得合适就下载下来进行试剪。

我们将背景音乐铺到人声轨道的下方，调小音乐的整体音量，大概比人声小 4~10dB（具体根据音乐本身的音量来定），接着根据音乐来调整画面的持续时间，把握好音乐的节奏点进行镜头与镜头间的切换。

这里选择的这个音乐有个明显的重击鼓点，所以大部分的剪切点都卡在音乐的重击点处。这样做可以增强画面的情绪和冲击力。

影片脚本第二部分的前三个镜头，是三组连续画面的切换，这个部分的配音是旁白和背景音，主要介绍《图灵梦境》这款游戏的玩法，便于剧情推进。

而后面从第 13 个镜头开始，进入其他角色的独白配音，从他人的视角来展示《2140·图灵梦境》这款游戏的另一面，这一部分的音乐就需要与前面进行区分。

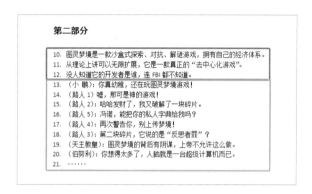

根据背景音乐的节奏，在第二部分的前三组连续镜头走完前，背景音乐的节奏逐渐加快，情绪越来越紧张。

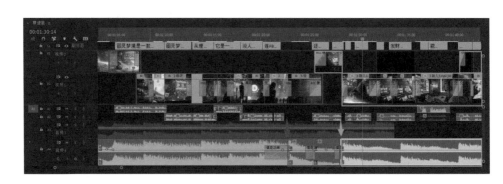

因此将这段背景音乐的第一部分结尾进行剪辑，放到旁白配音结束的位置。

接着将背景音乐第三部分开头，放到其他角色独白这里并一直持续到音频结束。

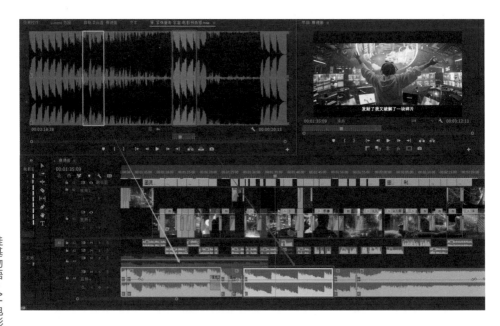

在影片结尾这里，将背景音乐的结束部分进行剪辑补长，调慢音乐的节奏点，配合角色最后台词的情绪，让这里的角色夏娲说出"否则，死"这一句台词时，情绪冲击更加强烈，让压迫感和神秘感慢慢延续直至结尾。

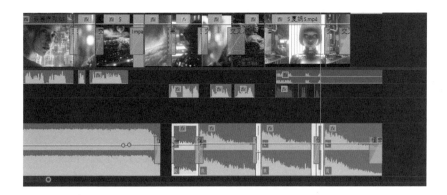

到这里，主要的音频部分就完成了。

（2）深化剪辑

接下来，就是对整部影片的进一步优化处理，让视听效果达到最好。

① 视觉。首先是对画面的画幅和颜色进行调整，整体使用的是宽银幕电影画幅 2.35∶1 的比例，通过后期裁剪进行处理。

接着是颜色，影片主要是科幻题材，采用的颜色是偏蓝黑色调的风格。根据前期生成的图片进行整体画面颜色的统一处理。

然后是对部分画面进行合成处理，例如蒙版抠图、画面叠加等，让整体画面效果更加突出。

甚至是植入广告，让影片更加商业化。

② 听觉。接着是听觉优化，在音乐剪辑完成后，我们需要调节音乐的大小，特别是在角色说话和旁白的时候，需要将背景音乐进行弱化，以免影响信息的表达。使用软件自带的自动化工具可以很方便地处理人声。

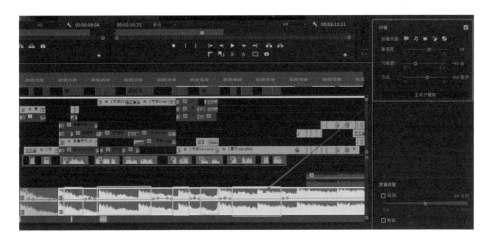

还有一个重要的部分就是音效，影片中分别在一些转场、特写和画面下加了对应的音效，来提升整体的氛围和影片的质感。多个音效的叠加也能营造出不一样的听觉感受。

完成前面的步骤后就到了最后添加字幕的环节。为《2140·图灵梦境》配上字幕后，整个制作过程就完成了。接下来导出最终成片即可。

AI 电影工作流

8.1 AI电影工作流的起源

　　原始的电影工作流依赖于人工以及机械化的工具，如胶片、光学打印机等，工作效率低，专业门槛高，常人难以涉足。

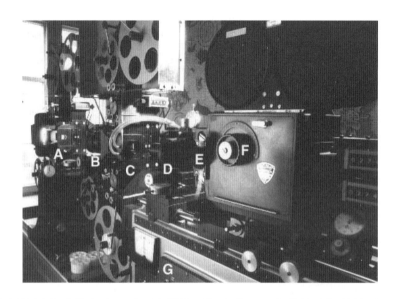

　　实景拍摄和演员表演，需要大量的时间和资源；非线性编辑软件需要手动进行剪辑、特效制作和音频配乐，同样要耗费不少人力与时间成本。随着计算能力的提升，这些工具逐渐被数字化工具所取代。

例如，AI 技术能够自动化生成剧本和角色设计，提高创作效率和提供更多创意，降低创作成本；能够生成虚拟演员和虚拟场景，减少实景拍摄需求，节省时间和资源；能够自动化剪辑、特效生成和音频处理，提高工作效率和效果一致性；还能自动化影片合成和发布，简化发布流程。

生成式 AI 技术的飞速发展，深刻影响了电影的创作流程，改变了从剧本创作到后期制作的各个环节，AI 在继承了传统工作流核心步骤的同时，通过自动化和智能化技术大幅提升了电影制作效率，并降低了成本。

传统工作流与AI工作流一脉相承的关系

环节	传统工作流	AI电影工作流
前期准备	**创意构思**：通过头脑风暴、市场调研和讨论，确定影片的主题、风格和目标受众	**输入关键词或大纲**：输入影片的主题、关键词或大纲，生成多个剧本版本激发创作灵感
	剧本写作：编剧根据创意构思撰写剧本，多次修改和审阅，最终定稿	**AI剧本生成**：AI模仿人类编剧的写作风格，生成剧本
	角色设计：美术团队根据剧情需要和观众预期设计角色形象	**角色设计**：根据剧本创建详细的角色形象和设计草图，包括外貌、性格和背景故事
	场景搭建：根据剧本需求，制作团队进行实景或虚拟场景的搭建	**场景搭建**：利用图像生成技术创建逼真的场景图像和模型，包括不同的环境细节
拍摄过程	**实景拍摄**：导演、摄影师和演员在实景或摄影棚中进行镜头拍摄	**虚拟演员表演**：生成虚拟演员，利用动作捕捉技术模拟真实演员的表演

环节	传统工作流	AI电影工作流
拍摄过程	**演员表演**：演员根据剧本进行表演，导演在现场指导	**虚拟场景生成**：根据拍摄需求自动调整场景，确保镜头视觉效果和情感表达一致
	初步剪辑：拍摄完成，剪辑师进行初步剪辑，挑选最佳镜头拼接成初剪版本	**初步剪辑**：通过分析拍摄素材，识别重要的情节和镜头，自动进行剪辑和镜头衔接，生成具有连贯性的初剪版本
后期制作	**视频剪辑**：剪辑师精细调整影片节奏，确保流畅性和叙事性	**AI视频剪辑**：根据影片节奏和叙事需求，自动进行剪辑工作
	特效制作：特效师使用专业软件制作视觉特效，如CGI、绿幕替换等	**特效生成**：使用生成对抗网络（GAN）等技术自动生成视觉特效，动态调整
	音效配乐：音效师和作曲家为影片创作背景音乐和音效，进行混音和音频处理	**音频配乐**：根据影片情节和情感曲线自动生成背景音乐和音效，确保音频与画面契合
	音频优化：混音和音频处理，优化音质	**音频优化**：通过分析音频数据，自动进行噪声消除、音效增强和音频平衡
成片输出	**影片合成**：手动将所有元素（视频、音频、特效等）合成为最终影片版本	**影片合成**：利用高精度的合成算法，自动合成各个视频和音频元素，生成高质量的最终影片版本
	审查修改：导演和制作团队对影片进行审查，提出修改意见，并进行必要的调整	**用户审查和修改**：对影片进行审查并提建议，AI根据用户反馈自动进行调整，确保影片符合预期
	最终发布：影片完成后，进行发布和推广，安排上映或线上发行	**最终发布**：自动生成适配的影片格式和分辨率，并自动进行影片的推广和营销

8.2 AI时代的电影/视频工作流

》8.2.1《 一站式工作流

　　一站式 AI 电影工作流聚焦从文本生成图像、图像生成视频、配音字幕到后期剪辑的一体化生产能力，通过这种自动化流程，创作者可以将更多精力集中在内容创意上，而不必过分关注制作细节，保证了视频内容的逻辑连贯性和视觉一致性。

人人都可以成为导演

硅基物语·AI 电影大制作

1. 故事编写

用户输入：用户首先需要提供一个故事描述，文本长度通常在2000字以内。这个文本是整个视频创作的基础。

AI解析：AI解析文本内容，提取关键情节和人物关系，为后续步骤提供支持。

文本优化：AI提供文本优化建议，帮助用户改善故事的叙事结构和语言表达。

通过输入简单的文本描述，即可启动整个视频制作流程。通过智能解析，AI能够快速理解并处理复杂的故事情节，确保每个细节在最大限度上得到表达。AI的文本优化功能则可以帮助用户提升故事质量，增强叙事效果。

2. 角色设定

角色选择：用户可以从丰富的AI角色库中选择合适的角色。角色库包含不同性别、年龄、职业和风格的人物形象。

自定义角色：用户还可以自定义角色的外貌、服装和行为特征，以符合故事需求。

角色预览：AI提供角色预览功能，用户可以在选择或自定义角色后预览角色形象，确保满意。

丰富的角色库提供了多种选择，满足不同故事情节的需要，用户可以根据需要调整角色细节，确保角色形象与故事情节高度契合。通过预览功能，用户可以直观地看到角色形象，确保选择或定制的角色符合预期。

3.生成分镜

自动生成：AI 根据输入的故事文本自动生成分镜草图，包括镜头描述和场景过渡。

可视化情节：分镜草图帮助用户可视化故事情节，并进行必要的调整。

镜头优化：AI 提供镜头优化建议，帮助用户提升分镜的视觉效果和叙事效率。

AI 自动生成分镜草图，可以节省用户大量时间。分镜草图提供了一个可视化的情节预览，能够帮助用户更好地理解和优化故事结构。通过镜头优化建议，用户可以进一步提升分镜的质量，确保每个镜头的最佳效果。

手动修改：可以手动修改分镜内容，调整镜头和过渡场景，以确保视频的连贯性和表现力。

实时反馈：系统提供实时反馈，帮助用户优化分镜内容。

智能提示：AI 提供智能提示，建议用户进行可能的改进，确保分镜的流畅性和视觉效果。

自动生成旁白：根据故事文案，自动生成合适的旁白配音。

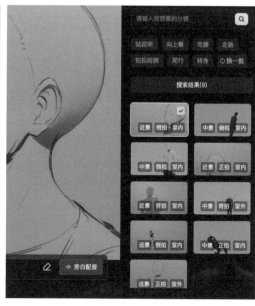

4. 静态画面

将人物分镜与周边环境进行实时合成，生成整体静态图片画面，合成过程考虑了光影效果和色彩匹配，确保画面和谐。

合成后的画面细节丰富，色彩和光影效果自然，提升了整体画面质量，角色与环境的无缝结合保证了画面的一体化效果。

5. 动态视频

一键生成：通过平台一键生成完整的视频，包含动态画面和音效。

自动合成：AI自动将所有元素合成，生成最终视频。

多格式输出：AI支持多种视频格式的输出，用户可以选择适合的格式进行保存和发布。

一键生成功能大大简化了视频制作流程，用户只需单击一次即可完成视频生成。生成的视频包含动态画面、配音和音效，效果协调且完整。该功能支持多种视频格式输出，满足不同平台和设备的播放需求。

》8.2.2《 模板式工作流

模板式工作流通过预设计的模板大幅减少了从概念到最终产品的制作时间，用户可以选择合适的模板，立即开始编辑和定制，不必从零开始构建每个元素。这种方法减少了对专业设计师或视频编辑的依赖，降低了制作成本，适合需要快速交付的项目。

1. 选择视频模板

首先进入一个包含广泛风格和类型模板集合的视频模板库，根据自己的具体需求来选择模板。

视频模板的类型丰富，举例如下。

- 教育课程：设计有助于教育和培训的模板，适合在线课程、教育讲座等。
- 个人 Vlog：轻松自由的风格，适合个人生活记录、旅游日志等。
- 动画短片：适用于创造寓教于乐的内容，如儿童教育视频、简短的故事叙述等。
- 时尚秀：适用于展示时尚趋势设计，适合服装发布、美妆教程等。
- 节日特辑：围绕特定节日设计，如圣诞、春节，用于制作节日问候视频。

用户可以详细预览模板的动态效果和风格，以确定是否符合创作目的。选择后进入编辑界面进行个性化调整。

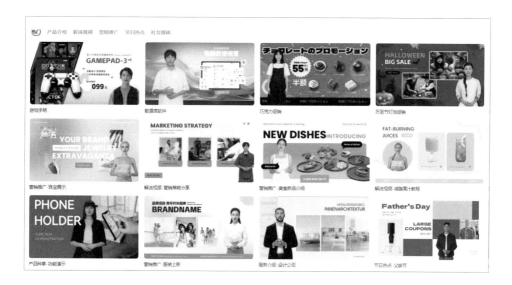

2. 数字角色调整

确定模版之后，在模板基础上添加或调整数字角色，以匹配视频主题和内容。数字角色的调整包括更换服装、表情修改以及动作设定，确保角色与视频内容的一致性。此外，背景也可以根据需要进行更换，以适应不同的视频氛围和风格。

- 虚拟主持人：用于新闻、讲座视频，模拟真人主持人形象。
- 动画角色：适用于儿童节目、教育内容，可爱、卡通风格。
- 模拟名人：适用于商业推广或娱乐视频中使用，增加视频吸引力。
- 科幻人物：适合科技、未来主题的视频，如科技展示、虚拟现实。
- 历史人物模拟：用于历史教育视频，复现历史场景和人物。

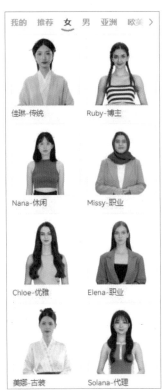

3. 素材和内容定制

在模板提供的基础结构中，可以自由添加或修改素材，如文字、图片、音乐等。每个元素都可以详细调整，包括颜色、大小、位置和动画效果，确保每个细节都能完美融入整体风格。

素材类型包括如下。

- 文字：自定义字体、颜色、大小、动画效果，用于强调信息或添加解释。
- 图片：从库中选择或上传个人图片，用于增强视觉效果。
- 音乐和音效：选择合适的背景音乐和音效，增强视频的情感表达。
- 过渡效果：多样的过渡动画，如渐变、翻页，用于场景转换，使视频流畅自然。

内容定制示例如下。

- 教育视频：加入动态图表和关键点弹幕，帮助解释复杂概念。
- 旅游 Vlog：通过插入实拍照片和地图动画，讲述旅行故事。
- 产品展示：利用 3D 模型展示产品细节，加入详细的说明文字和特色亮点弹窗。

4. 导出与发布

所有元素调整完毕后，可以进行最终预览，确认视频内容无误并满足创作需求后，选择相应的视频分辨率和格式进行导出。导出后的视频可以保存至本地，或直接上传至各大社交和视频平台，与观众分享创作成果。

»8.2.3« 节点式工作流

节点式 AI 工具在电影创作过程中通常专注于特定的单一环节或流程，这种专一性使得每个工具能够针对其聚焦的部分提供深入的功能和高效的输出。

七大关键节点包括：

剧本创作 → 静态画面生成 → 数字角色动画和表情模拟 → 3D 数字场景构建 → 音乐和声音设计 → 动画和视觉效果制作 → 视频剪辑。

文本生成 AI 帮助编剧构思故事情节、对话和角色发展，提供创意写作。AI 绘画工具是静态画面生成的一个关键应用领域，其中 Midjourney 是一个突出的例子。AI 音乐生成工具（如 Suno AI）不仅提高了音乐创作的效率，而且为不同类型的媒体内容提供了音乐上的多样化选择。AI 图片驱动提供了一种高效的方法来创建动画和视觉效果，无须从头开始制作每一帧，可以快速生成复杂的动态效果。

数字角色动画中的CG（计算机生成）技术是影视制作中一个至关重要的领域，尤其是在高预算的电影、电视剧和视频游戏中，使得视觉尽可能逼真且具有表现力。

3D数字场景构建在电影、视频游戏以及虚拟现实等领域中扮演中心角色，通过先进的3D设计软件和实时协作平台，可以创建出精细的数字环境和实景，这些场景不仅视觉效果逼真，还能进行高效的迭代和修改。

各个关键节点AI工具，可以在电影创作的素材制作与管理、粗剪、精剪、调色、音频处理等多个重要环节发挥有效作用，大大简化了电影的制作流程，减少了成本投入。

》8.2.4《 AI工作流的未来

未来，一站式工作流将结合自然语言处理和机器学习技术，提供更智能的剧本生成工具，能够根据用户的需求自动生成复杂而连贯的剧情。AI不仅仅将在内容和技术层面完成AI电影/视频的制作和拍摄，甚至能够模拟制片人的角色，自动协调资源、安排拍摄计划，并实时监控进度和预算。

模板式工作流未来将会有更多种类和风格的模板供用户选择，包括3D动画、AR/VR/MR的交互等新兴技术的模板。

节点式工作流未来的节点将更加智能化，每个节点都可以自我优化，例如，特效节点可以根据场景自动选择最适合的特效。

AI电影工作流的不断发展，正在改变电影制作的每一个环节，未来的电影制作将更加智能化、高效化和个性化。

AI 与传统技术的结合

9.1 AI与三维技术的融合

在数字内容创作的领域中，AI技术正以前所未有的速度与传统的三维技术相融合，开启了一个充满无限可能的新纪元。本章将探讨AI如何与传统三维技术结合，特别是在虚拟人物创建和动画制作方面的突破性应用。

近年来，AI在图形渲染、角色动画和场景构建等方面的应用，大幅提升了三维内容的制作效率和质量。

智能建模技术通过AI工具自动生成高质量的3D模型和迷你场景，减少了手工建模的工作量。例如，Blender结合AI建模，可以根据参考图像快速搭建场景，制作风格动画。而Epic Games推出的MetaHuman Creator工具，利用AI分析海量的人类面部数据，能够快速生成具有高逼真度的数字人物。这项技术不仅大幅缩短了角色设计的时间，还为创作者提供了前所未有的灵活性和多样性。

同时，NVIDIA的Omniverse平台中的Audio2Face功能，展示了AI在音频和面部动画方面的革命性应用。该技术能够通过AI语音合成生成音频，并进一步利用这些音频来驱动数字角色的面部表情和嘴型动画。这种从音频到面部动画的无缝转换，为虚拟主播、数字人物表演等领域带来了巨大的潜力。

在接下来的章节中，我们将从虚幻引擎的基础操作开始，逐步学习MetaHuman的导入和使用，以及如何创建引人入胜的角色动画和场景序列，逐步掌握结合AI与传统三维技术的核心技能，为未来的数字内容创作做好充分准备。

9.2 AI与三维技术融合实例:《2140·丝绸之路》

在AI微电影《2140·丝绸之路》中，就尝试了AI与传统三维技术的融合，打造出克莱因飞船穿梭在不同时空的镜头画面。

祈福克莱因船.m4v　　　独白结尾.m4v　　　为了接入丝绸之路吗 改.m4v

为了接入丝绸之路吗.m4v　　　寻找的天堂10001-0180.m4v　　　飞船横穿星云.mp4

开篇2少星.mp4　　　克莱因船_开篇.mp4　　　平面飞 20s.mp4

（完整视频可扫码进行观看）

具体流程分为以下 3 步：

AI与三维技术融合流程

1. AI辅助建模

2. AI 驱动材质

3. 动画渲染

》9.2.1《 AI辅助建模

克莱因船是贯穿整个科幻小说《2140》的重要载体，也是《2140·丝绸之路》

故事的主要图腾。因此，在小说创作初期就有了克莱因船相关的设计图，而在 AI 的快速发展下，现在只需要上传提前制作好的设计图就可以将其转换为三维模型。

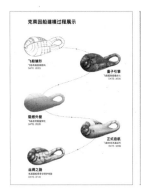

通过 AI 辅助生成初步的飞船模型，然后再导入传统建模软件中进行修改，这里使用的是 Blender 这个开源的建模软件，将飞船进行修改和优化，加上一些模型细节和材质后，就成了 AI 微电影中所看到的样子。

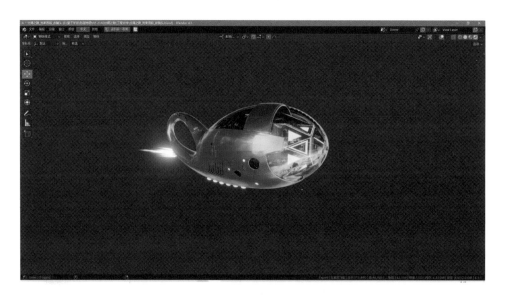

》9.2.2《 AI驱动材质

在视频中我们可以看到克莱因飞船穿梭于不同的星球和星系，最终接入丝绸之路。

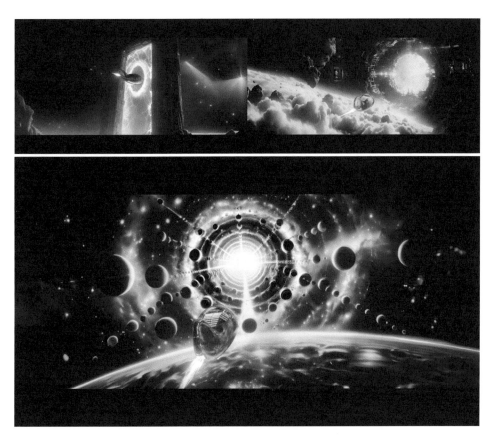

　　这些壮丽宏大的场景全部由 AI 生成，而非传统的 3D 建模，其中一些复杂场景也是仅基于一张平面图像创建而成。

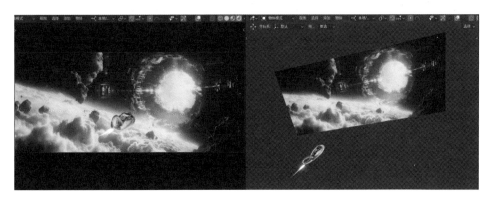

　　其实原理很简单，我们只是把 AI 生成的场景图片进行驱动，然后再把驱动后的视频作为世界环境贴图，应用到三维软件中，这样飞船会有自然的光影和反射，不会显得和场景画面格格不入。

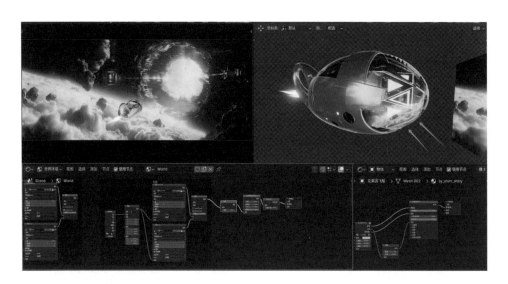

　　然后有些视角变化不大的镜头画面，就可以用平面贴上 AI 生成的视频，作为固定的背景。因为如果只靠环境贴图，有些非全景图生成的画面就会有拼接痕迹和画面扭曲。

»9.2.3« 动画渲染

　　现在，开始添加虚拟相机，将贴好视频的平面作为相机的子集，给相机进行K 帧，利用相机与飞船之间的相对运动，让飞船在镜头中看起来是在往前飞行的样子。

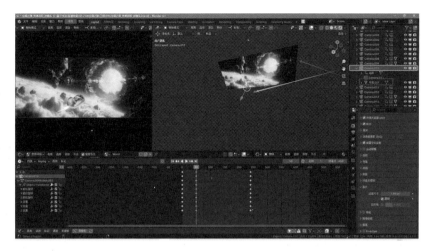

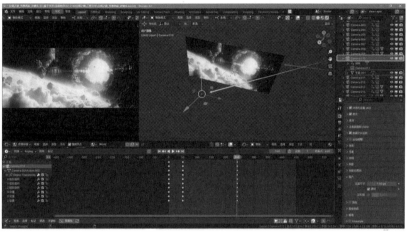

接着最后一步就是调节渲染参数并进行视频导出了。

视频导出后我们能看到飞船效果,可以在剪辑软件中进一步优化处理。

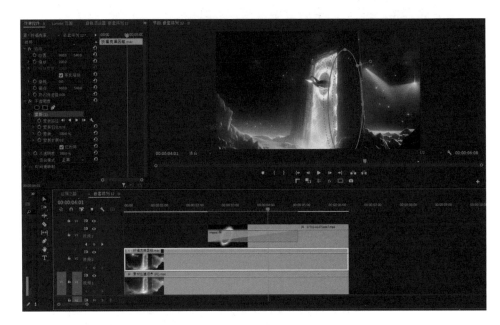

到这里,我们基本展示了 AI 与三维技术相融合的应用流程。

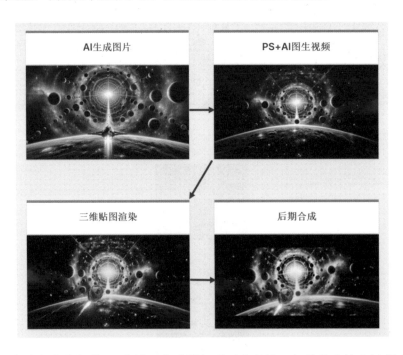

这个流程为我们的 AI 电影工作流增加了更多玩法,相信你在这个过程中也能
体会到 AI 与三维技术相结合的乐趣。

9.3 数字人在AI电影中的作用

数字人在 AI 电影中的作用，简单来说也是数字人在影视中的作用，主要体现在以下几个方面。

① 创意与视觉效果的提升：数字人技术为电影创作提供了更广阔的创作空间，这项技术可以创造出逼真的虚拟角色，增强电影的视觉冲击力和真实感。这对于科幻、奇幻等类型的电影尤其重要。例如，《阿凡达》中通过动画数字人技术，成功塑造了外星种族纳美人的形象，这些角色不仅在外观上令人惊叹，更在动作和表情上展现出极高的逼真度。

② 替代真实演员：使用数字人可以减少对真人演员的依赖，提高某些场景的拍摄效率。随着虚拟数字人技术的发展，一些电影已经能够用虚拟角色完全替代真实演员。这不仅解决了真实演员不可控因素带来的问题，还大大降低了成本和风险。

③ 复杂场景的拍摄：数字人技术可以创造和改变现实中的场景，特别是在一些特殊或危险的场景中，使用虚拟数字人进行拍摄可以确保安全并提高效率。同时，这也为导演和编剧提供了更广阔的创意空间，可以实现一些传统拍摄手法难以呈现的场景和情节。

④ 个性化与互动性：AI 技术的进步使得虚拟数字人可以在电影中承担更多角色，并且可以根据需要随时修改和更新。这种灵活性不仅提高了制作效率，还能根据观众的反馈进行即时调整，从而提供更加个性化的观影体验。

⑤ 叙事手段：数字人可以作为一种独特的叙事元素，探讨人与 AI、现实与虚拟之间的关系等深层次主题。

9.4 虚幻引擎在AI电影中的应用

虚幻引擎（Unreal Engine，简称 UE）在 AI 电影中的应用已经引起了广泛的关注和讨论。随着技术的进步，虚幻引擎 5（UE5）带来了许多革命性的功能，这些功能正在彻底改变电影制作的各个方面。

首先，虚幻引擎 5 引入了 Nanite 虚拟几何体和 Lumen 全动态全局光照两大核心技术。Nanite 技术能够实时处理复杂的 3D 场景，而 Lumen 则提供了高度真实的全局光照效果。这使得影视级美术作品可以直接被导入虚幻引擎中，并且通过实时渲染技术实现超现实的视觉效果。

其次，虚幻引擎5支持实时电影制作，这意味着电影制作的各个环节都可以在虚拟环境中完成。这种实时制作技术不仅提高了效率，还允许创作者在拍摄过程中即时看到最终效果，从而大幅减少后期制作的时间和成本。

此外，AI 工具与虚幻引擎的结合进一步扩展了其在电影制作中的应用。例如，Luma AI 与 Epic 合作将 NeRF（基于神经网络的隐式 3D 场景展现技术）引入虚幻引擎，实现了高质量的实时渲染。这种技术可以在低功耗设备上运行，并且能够在短时间内生成逼真的三维模型，极大地提升了电影制作的灵活性和速度。

同时，AI 的应用使得普通人也能参与到电影制作中来。这种趋势不仅降低了电影制作的门槛，还为更多有创意的人提供了展示自己才华的机会。

最后，虚幻引擎 5 还被广泛应用于虚拟制片领域。虚拟制片是一种利用虚拟现实和增强现实技术进行电影制作的新方法，它能够提供更加沉浸式的体验和更高的生产效率。通过虚拟制片，创作者可以在没有实际拍摄的情况下完成大部分的电影制作工作，从而大幅减少时间和成本。

总体来看，虚幻引擎 5 及其相关技术在 AI 电影中的应用已经展现出巨大的潜力和优势。它不仅改变了传统的电影制作流程，还为创作者提供了更多的可能性和灵活性。

9.5 三维流程应用：虚幻引擎

随着数字技术的飞速发展，虚幻引擎已经成为游戏开发、影视制作、虚拟现实等多个领域的核心技术。它以强大的渲染能力、灵活的编辑工具和丰富的扩展插件，为创作者提供了无限的创作空间。

接下来，将通过搭建一个简单的场景学习如何设置项目，包括选择合适的版本、配置渲染设置以及导入所需的资源。

在官方网站下载虚幻引擎的启动程序后，全程默认安装即可。安装完成后打开 Epic Games Launcher 启动程序进行注册登录。

登录进来后就已经打开了虚幻引擎的主页，单击顶部的"库"字，然后单击引擎版本旁边的"＋"号，就可以获取到最新版本或者旧版的虚幻引擎。

我们使用最新的 5.4 版本来快速搭建一个自然场景。刚开始需要新建一个项目，项目一共有 5 种类型，每个类型默认的项目设置会有点不同，我们选择游戏类别下的第三人称游戏作为模版。

加载完成后进入虚幻引擎的编辑界面，直接新建一个基础关卡，一步步来进行场景的搭建。

首先在世界大纲把这个平面删掉。

在左上角选项模式中选择"地形"模式，然后直接单击"创建"。

硅基物语·AI 电影大制作

人人都可以成为导演

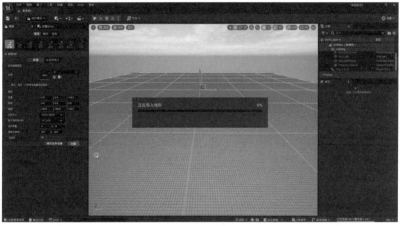

　　接着通过鼠标左键凸起地面，通过 Shift+ 左键凹下地面进行地形雕刻，地形模式这里还有其他一些工具，配合着使用即可，大概绘制好一个高低错落的地形后就可以开始添加材质和其他的东西了。

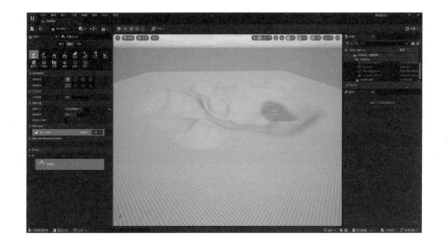

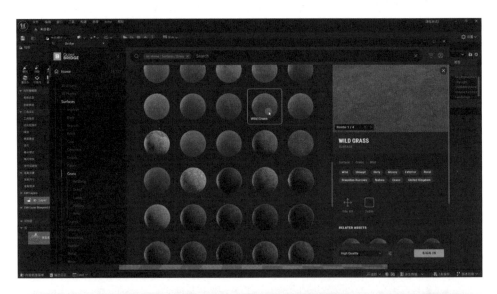

可以使用虚幻引擎丰富的资产库，省去很多建模和调材质的时间。这里在 Bridge 中下载草地作为整个地形的材质，下载后在内容浏览器中的 Megascans 文件夹中找到对应的材质。

然后就是将材质赋予地形了。先选择地形，在细节面板中找到地形材质，我们可以选择下载好的材质，然后单击地形材质这里的箭头就可以了。

可能你会发现贴上去纹理有点不对，双击这个材质球。

打开这个选项，然后调整选项下面的参数，把数值调小一些，接着单击左上角的"保存"。

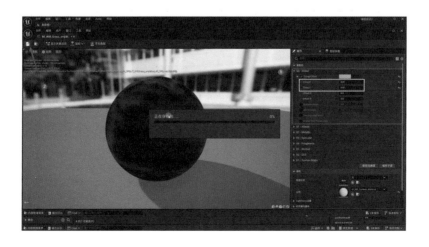

回到关卡页面，就会发现现在的纹理自然了很多。

接着继续细化场景，可以添加一个湖泊到地形上。在顶部编辑这里，选择插件，搜索"water"，然后勾选这个实验性插件。

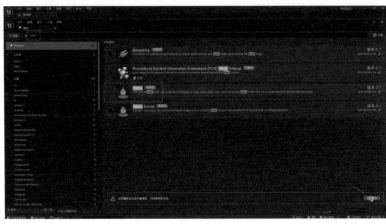

在重启引擎后，单击界面左上角的快速添加到项目图标，搜索"water"，选择"Water Body Lake"拖入场景中，接着调节控制点改变湖泊形状大小，默认会生成一个湖泊地形。

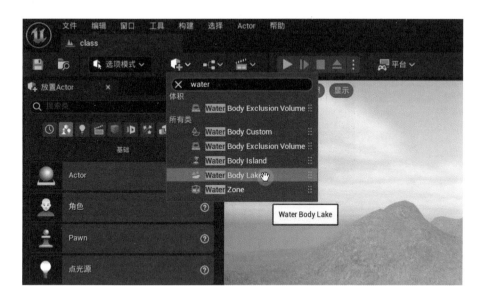

我们到细节面板中，找到湖泊实例下方的组件，在下方的地貌中取消勾选"Affects Landscape"，这样就不会影响我们的地形了。再调整下湖泊的形状和大小，覆盖洼地即可。

有了山和水，就差一些植物和石头了，如果觉得在 Bridge 一个个下载麻烦，可以到虚幻商城中去下载整合包来使用，同样在窗口打开虚幻商城。

这里下载的是一个免费的植物地形整合包，选择"免费"后再单击添加到工程，等待下载完毕，就可以在虚幻引擎的内容浏览器中看到多了一个文件夹，这个就是我们下载的资产，可以单击这里的筛选，选择只显示静态网格体，就可以看到好几个植物的模型了。

接着，切换到植物模式来给场景添加植物，选择资产里面所有的树，拖到左边提示的位置这里。

然后调节绘制的密度和缩放参数及笔刷大小，这样在地形上随便一涂就把树木给添加上去了，绘制过程中可以按情况调节前面那几个参数。用抹除工具或者按住 Shift 并单击鼠标左键，可以消除绘制树木的区域。

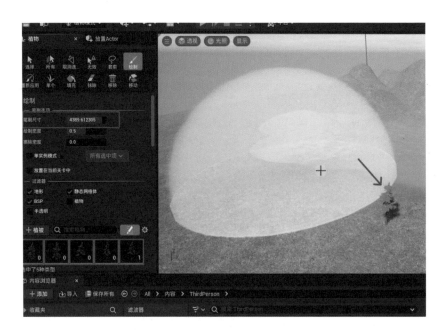

大概绘制好树木后，还可以拖入其他植物资产，比如花草、灌木等。同样在地形上进行绘制，这一过程可能需要不断地调整绘制的参数，大致满意后，就切换回选择模式，开始添加一些其他的资产，比如一些石头、树木等。

然后给场景添加一处视觉中心，这里选择在湖面中心凸起一块小山丘，放置一棵大树。

为了凸显出它的独特，需要改变一点它的外观，来到这棵树的细节面板，找到材质一栏的元素 2。

单击这个搜索图标定位到材质所在位置，给它创建一个材质实例，这样就不会改变原来的材质。接着双击进入这个材质的细节面板，找到与颜色有关的参数，改变一下数值后单击"保存"，然后回到关卡界面。

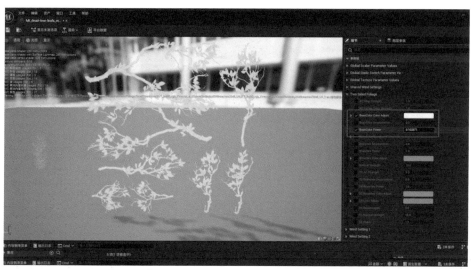

调整好地形和资产的摆放位置，确定初始的画面后，接着来添加后期处理体积，调整场景的颜色氛围，搜索"PostProcessVolume"或者"后期处理体积"，直接拖到场景中。

接着调整场景曝光，如果没反应，就需要到"后期处理体积设置"那里把"无限范围"给勾选上，这时候就可以看到曝光数值的变化了，接着调节色差偏移、饱和度、晕影、反射等参数，让画面不再那么灰。

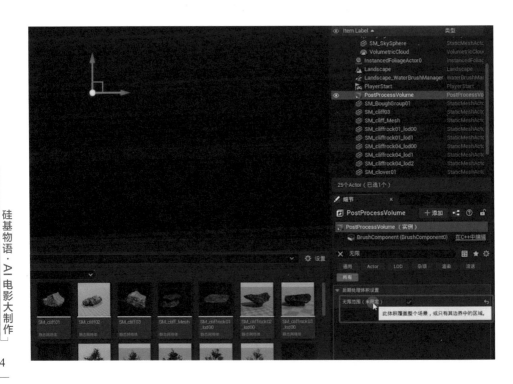

　　如果想改变画面的雾气密度，可以调节场景高度雾的位置。调节大纲窗口中的"ExponentialHeightFog"（指数高度雾），调得越高雾气就越大，我们调到一个合适的位置即可。

　　最后再对地形进行一些调整，让地形在视觉上更加合理一些，并增加了一些植被的密度，改变了太阳的角度，现在就是最终的场景效果。

(9.6) PS与AI的创意碰撞

PS 作为设计师的得力助手,在优化 AI 生成的画面方面发挥着关键作用。我们来拆解实操案例,探索 PS 与 AI 绘画工具的创意碰撞。

》9.6.1《 PS文字图层应用

电影中的文字可能并不总是那么醒目,但它们往往扮演着至关重要的角色,比如片名设计、字幕、特殊文字效果、宣传海报文字,等等。这些文字元素虽然不起眼,却能够潜移默化地影响观众对电影的理解和感受。

案例:片名设计

✎ 第一步:选择背景画面。

电影片名是影片的首要视觉符号。片名设计的第一步是选择一张合适的背景画面。我们可以使用 AI 绘画工具生成一张符合电影核心内容的图片,像微电影《图灵梦境》就选用了这张由 DALL · E 生成的公式加科幻感的图片。

✎ 第二步：设计文字。

有了背景图，第二步就是开始设计文字。

首先，新建一个文件，尺寸设置为 2000 × 910 px，分辨率为 72。

接着，先做主体的背景，用选框工具拉取整个画布，按 Shift+F5 填充一个黑色的背景，然后输入文字"2140"。字体选择一款比较厚重的，适合做图形填充的字体。这里用的是汉仪力量黑简体，也可以根据内容，挑选其他合适的字体。

我们将字体大小设置为 860px。然后按 Ctrl+C 复制文字，再按 Ctrl+ Shift+V 原位粘贴，把文字转化为形状。

调整文字颜色为白色，用选框工具选中文字节点，再用移动工具调整一下字体的视觉间隙，然后缩小字体。

清除图层自带的参考线，用选框工具选满整个画布，从左边和上面的标尺处拖动参考线，让它们吸附在选框的中央，把字体移动到画面正中间。这样文字就设计好了。

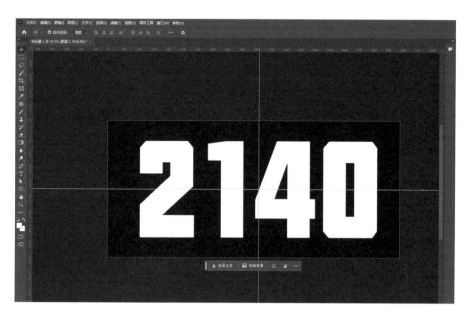

✎ 第三步：融合素材。

第三步就是把各种素材结合到一起，把背景图片拖进来，调整大小，让它铺满文字下面一层。

背景可能会填不满，空出一部分，此时可以复制一层背景图，放到原来的剪切蒙版上面，再创建剪切蒙版，把它剪切到文字里。

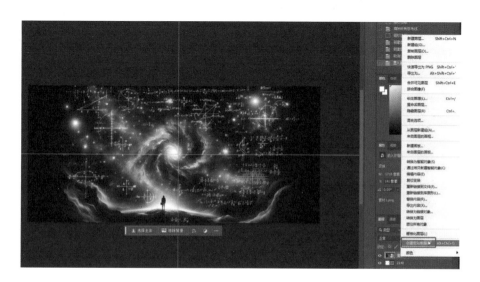

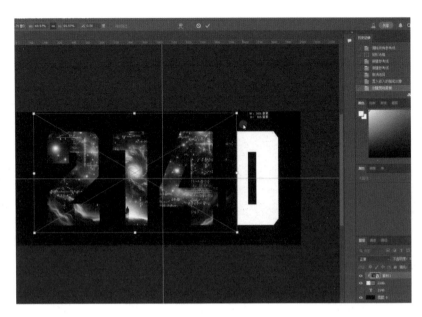

　　然后把新建的背景剪切图层拖动到第一张背景剪切图层下面，在第一张背景剪切图层上新建一个蒙版，用渐变工具拉取一个从右向左的渐变，合并两个图层，这样就可以比较自然地融合两张图。

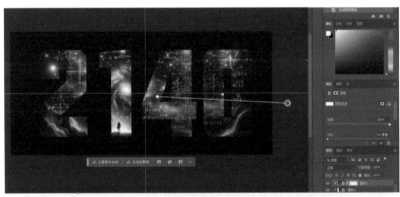

　　接着，我们用 PS 的创成式填充功能，优化一下背景图片的细节。

按住 Ctrl 键单击"2140"形状图层，选中素材 1 图层，按 Ctrl+J 复制一层，圈出素材中不美观的部分，使用创建式填充工具，输入 formula 就可以生成公式图像了。

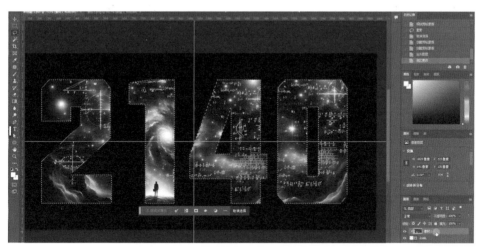

然后单击图层，增加亮度和对比度的值。

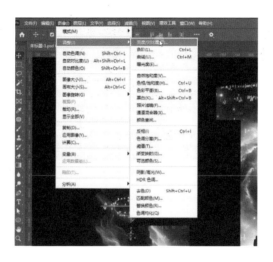

用套索工具选中需要替换的画面，单击创成式填充，选择匹配的图像，把所有填充图层合并，双击文字形状，用吸管工具吸取图片上面的颜色。

选择图片，按 E 调出橡皮工具，擦拭图片边缘颜色较深的区域，降低图片边缘透明度，显示出文字形状的颜色，让文字边缘更加清晰，提高辨识度。

最后，按 Ctrl+O 打开星空图片，按 Ctrl+C 复制，单击图层 1，按 Ctrl+V 粘贴，把背景图片粘贴到底图上，将星空图片的透明度调低到 65％。

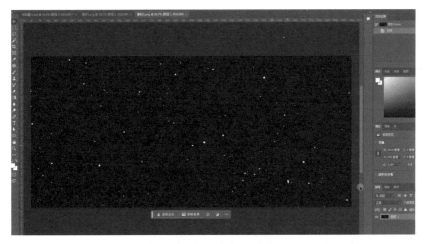

就这样，我们设计完成了一张可以用于电影开场的片名。如果再加上主创人员的名字和英文标题，它也可以作为一张电影海报来使用。

同样的制作方法，也可以运用到另一部微电影《丝绸之路》的片名设计中。

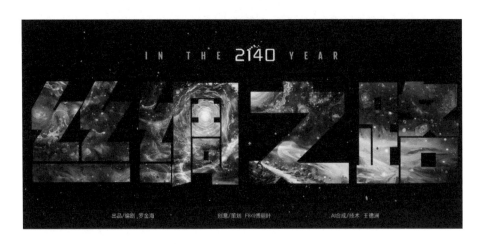

»9.6.2《 PS优化AI画面

接下来，我们将结合文字与画面设计，学习如何对 AI 画面进行效果提升。

1. 案例：场景文字设计

✎ **第一步**：选择背景画面。

第一步还是选择一张在 MJ 中生成的不错的图片当背景。

✎ **第二步**：制作背景图。

然后开始制作背景图，新建一个文件，尺寸为 1920×1080 px ，分辨率为 72。

按 Ctrl+O 打开背景图，按 Ctrl+C 复制素材，按 Ctrl+V 粘贴到背景上，调成画布大小的尺寸。

接着使用创成式填充修补画面不完整的部分，单击左边工具栏中的套索工具，圈选不完整的画面，单击创成式填充，输入英文 spacecraft，按回车键，就在天空生成了几个航天器，如果不满意效果还可以继续生成更多的图像。

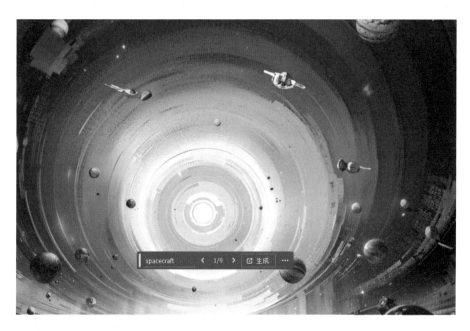

选中三个图层，按 Ctrl+G 合并成组，单击顶部工具栏的图像，调整亮度和对比度。

然后继续修改下面的自然饱和度和滤镜的参数。

按 Ctrl+O 打开边框图片，复制粘贴到刚才的图片上面，缩放到合适大小，用框选工具拉取画布，横竖各拉一条参考线，把框和参考线居中，双击边框图片，打开图层样式，单击渐变叠加，选择一个和画面匹配的渐变黄色，混合模式调整为颜色。

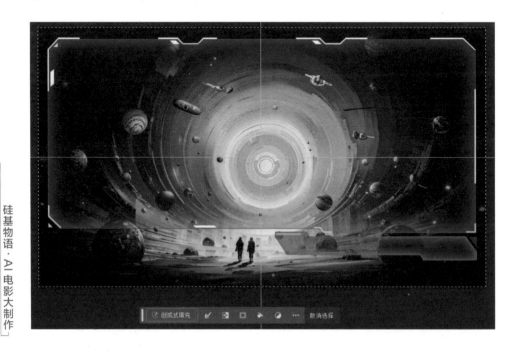

✎ 第三步：融合素材。

然后把设计好的字体图片拖入 PS，调整大小，建立一个蒙版图层，用渐变工具在蒙版图层上拉取渐变，把字体图层透明度调到 80%。

再把字体底座拖进来，图片移动到字体的下方，居中对齐参考线。

再拖入纹理图片，调整大小，双击图层，叠加和框一样的黄色渐变，混合模式调整为颜色。

在右下角新建一个蒙版，拉取一个渐变，让纹理自然地融入边框，然后按Ctrl+Shift+V原位粘贴图片，并把纹理图片转化为智能对象，按Ctrl+T水平翻转纹理图片，移到左边对称的位置，最后把两张纹理图层移到边框下。

拖入素材，调整大小，双击图片进入混合选项，叠加一个和边框图片一样的渐变黄色，把图层转化为智能对象，再栅格化图层，这样就能改为图片模式了。

单击界面右下方的属性栏，把模式改成变亮和浅色。拖动图片调整位置，添加图层蒙版，再拉取一个渐变，让素材上部分和整体融合。

如果素材遮住了底图的人物，按 E 调出橡皮擦工具，把不透明度和流量都设为 100。

使用快捷键逗号按键可以调节橡皮大小，把遮住人物的框线部分擦掉，也可以用于擦掉突兀的部分。

最后将素材透明度降到 70％以增加质感。这样就完成一帧融合了场景色彩搭

配的画面，将其在 Runway 或其他软件中驱动一下，就可以作为场景素材用于微电影中的场景素材了。

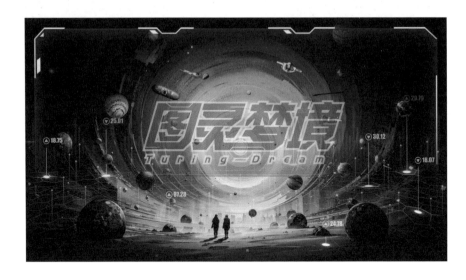

2. 案例：优化 AI 电影画面

✎ 第一步：选择背景画面。

根据剧本，我们很难直接在 MJ 里生成女孩和屏幕中姜老对话的画面，所以我们将不同的元素拆分后单独生成不同的画面，再到 PS 里把它们组合成符合剧本的画面。

✎ 第二步：融合素材。

还是需要先建一个文件，把背景素材拖入 PS，使用套索工具选择图片中需要消除的部分，单击创成式填充，再单击生成。

接着把具有科幻感的背景图拖入，按 Ctrl+T，单击扭曲，调整透视角度。

把透明度调到 32%，方便精细地调节角度，让两个图片更加贴合背景。调好后再栅格化素材。

　　然后隐藏素材 2 图层。选中底层图片，单击顶部工具栏的"选择"，选择"主体"，大致选出小女孩的形体。再用套索工具，按住 Shift，加选小女孩没选到的部分。

　　然后显示素材 2 图层，按 Delete 键，删掉素材 2 和小女孩重叠的地方。再用套索工具选中素材 2 中多删除的部分，按 shift+F5 填补回来。

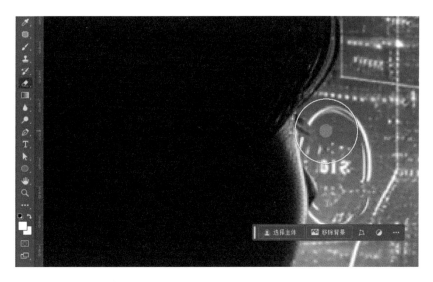

　　然后把姜老的人物图片拖进来，缩放到合适大小，单击"混合模式"，选"颜色叠加"，给人物叠加一个和背景相近的颜色。

　　然后降低人物透明度，和刚才一样按Ctrl+T，扭曲后调整透视角度，把透明度调节回100%，和上一个图层的操作一样，栅格化人物图层后把叠加部分删掉。

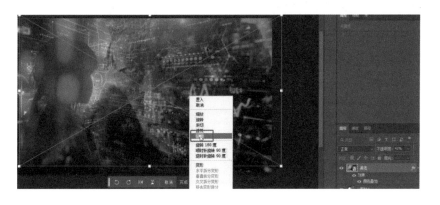

然后给素材 2 叠加一个背景色，降低角色的透明度到 65％。然后在图片上建立一个蒙版，使用渐变工具，将模式调整成"正片叠底"，拉取几个渐变图像，让人物更好地融入背景。

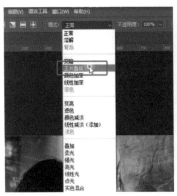

用套索工具选中人物脸上的瑕疵，使用"创成式填充"进行生成，优化人物面部细节，然后把生成的图层和人物图层合并，调整透明度。

最后叠加一个故障纹理，给人物部分增加一些显示屏的画面感。拖入纹理图，双击图层样式，叠加图片主色调，栅格化图层，单击混合选项，选"柔光"。然后在纹理上新建一个蒙版，给边缘设置渐变色。

观察整体，调整人物图层透明度，这样就完成小女孩与姜老对话的画面了。

以 Photoshop 为代表的传统图像编辑软件功能强大，融入 AI 后，这种人机协作模式巧妙地平衡了创作效率和画面可控性。

9.7 实例分析：虚幻引擎与AI的协同创作

我们以虚幻引擎 MetaHuman（虚拟数字人）的应用为例，来讲解在数字人的创建和使用中所涉及的 AI 工具与技术，从角色动作到嘴型动画再到 AI 建模搭建场景等，感受虚幻引擎与 AI 协同创作的工作方式。

》9.7.1《 创建MetaHuman

　　MetaHuman Creator 是一款基于云的 Web 应用程序，可以帮助用户轻松创建逼真、可定制的数字人物角色。

　　数字人建模流程具体如下：

（1）进入 MetaHuman Creator 网页应用程序。

（2）在官方给的人物模型中，选择一个预设的数字人物样本作为基础。

（3）在样本的基础上，对官方提供的数字人物进行调整，包括修改面部特征、肤色、头发、牙齿、体形、服装等。调整完成后，就可以得到一个的完整 3D 模型了。

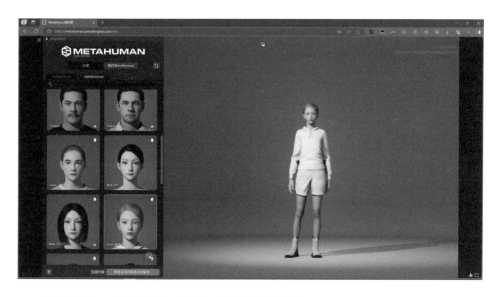

最后导出 3D 模型文件，用于后期的场景搭建。

编译完成后就可以进入引擎了，把数字人的蓝图文件拖入场景中，加载一会儿就可以看到数字人成功导入了。

》9.7.2《 动作导入

接下来，就来给数字人角色添加一些动作。通常有 3 种方法，第一种方法是直接使用 MetaHuman 的绑定控件进行 K 帧。

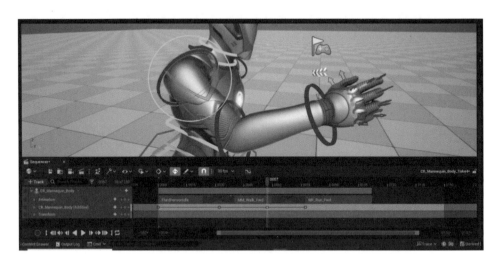

第二种方法是在 Mixamo 中下载动作文件导入。

第三种方法则是动作捕捉。

第一种方法需要我们熟练掌握人体的运动规律，花费大量的时间去 K 帧做动画，而第二、三种方法是比较快速且方便的。

1. Mixamo

首先来看下 Mixamo 的操作，登录到 Mixamo.com 网站，这里分了两个板块，一个是角色，一个是动画。先在角色这边挑选一个和我们的 MetaHuman 体形类似的形象，然后在动画这边挑选需要的动作进行导出即可。

回到虚幻引擎的项目这边，在内容浏览器中新建一个文件夹，用来导入在 Mixamo 下载的动画文件。我们直接把动画文件拖到这个文件夹中，弹出窗口这里单击导入全部，导入后弹出报错信息，不必理会，关闭即可。

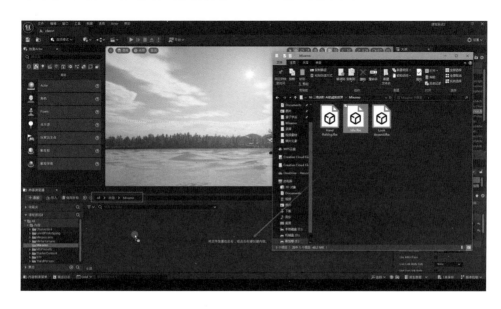

直接导入的动画是不能直接使用在数字人身上的，接下来要做的，就是把下载的动画重定向给数字人。

虚幻 5.4 版本对骨骼动画的重定向进行了更新，使得动画在不同角色上使用更加方便。

首先使用鼠标右击这个动画文件，选择重定向动画。

这时会弹出重定向动画的窗口，在右边的目标骨骼网格体这里，找到我们的数字人的网格体，记住是在 Common 路径下面的 Preiview 尾缀的网格体。

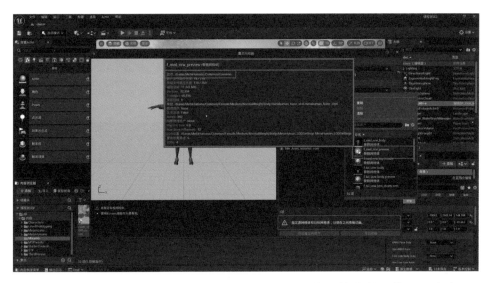

　　然后双击下面的这个动画文件，就可以看到两个网格体的动作匹配上去了。接着就可以单击导出动画，我们可以将动画导出到 MetaHuman 文件夹中，再添加个前缀，方便查找。

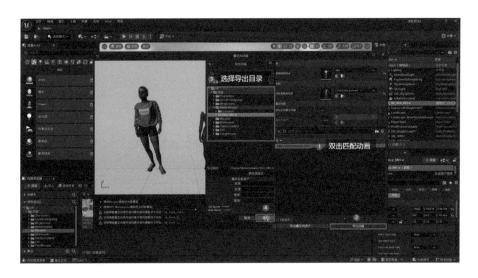

　　按同样的操作，可以导入其他动画，在重定向动画窗口这里进行重定向后导出，这样导出的动画就是数字人可以使用的动画了。

第 9 章 AI 与传统技术的结合

前面介绍的都是导入身体动画，而处理脸部动画相对来说更加复杂，也很少有对应的脸部动画库资源。虚幻引擎专门为 MetaHuman 的脸部动画推出了 Animator 脸部捕捉工具，支持更为精细的脸部动画捕捉，只需一部手机就能够捕捉演员的面部表情并传递给所有的数字人角色。

2. Audio2Face

另一种脸部驱动方式是通过 Audio2Face 进行语音转动画。

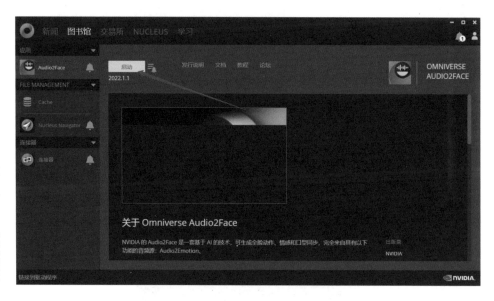

这是英伟达 Omniverse 平台下的软件，对于中文的语音转动画来说，口型会没

那么像，表情也没那么自然，优点在于可以结合AI生成的语音直接生成嘴部动画。

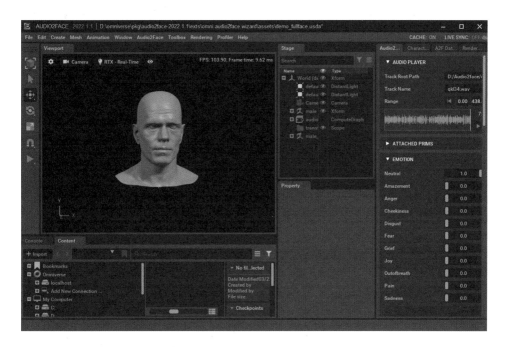

Audio2Face 音频转动画的具体流程如下。

（1）准备音频文件

首先，需要录制或准备一个高质量的音频文件。这个音频文件将作为生成面部动画的基础。

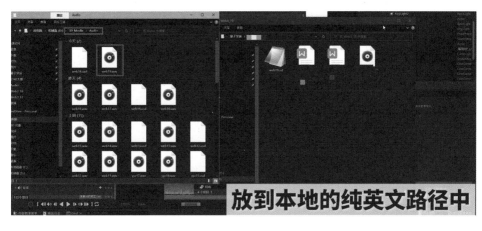

（2）启动 Audio2Face 应用

打开 Nvidia Omniverse Launcher，在其中单击"NUCLEUS"创建本地服务器（localhost）。

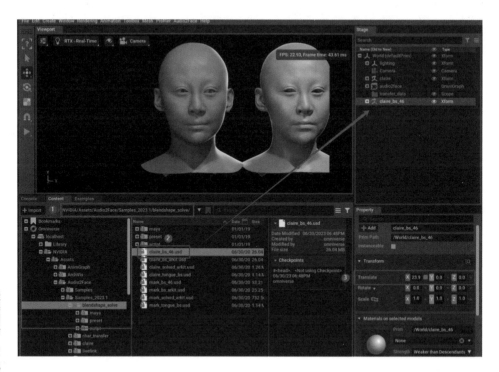

（3）创建模拟模型

选择左上角的 AI model，然后单击"get started"，在下方的"Content"内容库中找到图示路径下的匹配模型，拖入视口中，再调整下这个模型位置。

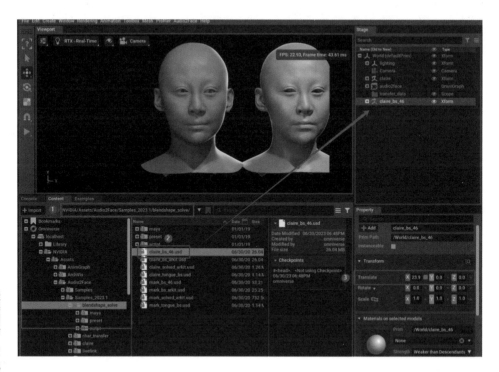

（4）关联模型映射

在右上角"A2F Data"选项卡中的"BLENDSHAPE CONVERSION"中选择两个模型的名字，input 是灰色模型的，Blendshape 是蓝色模型的。然后单击"SET

UP BLENDSHAPE SOLVE"进行链接。

（5）音频输入与处理

将音频文件进行上传，预先训练的深度神经网络分析音频特征并提取出关键信息，根据音高、语调和说话风格等因素生成相应的面部表情和动作，我们只需微调对应的参数以达到满意的效果。

（6）导出动画

完成面部动画的生成后，回到"A2F Data"面板，修改导出路径和名称，单击"EXPORT AS USD SkelAnimation"，导出为 usd 格式文件，方便导出到 UE（Unreal Engine）等软件。

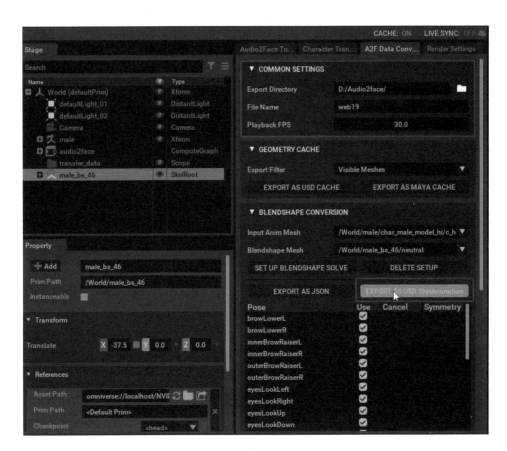

»9.7.3《 影片序列

当有了场景、角色和动作后，就可以添加一个关卡序列来进行过场动画的制作了。找到界面上方的这个场记板的图标，单击它，选择添加关卡序列，然后保存关卡序列文件。

这时就会出现一个名为"Sequencer"的窗口，我们把它拖到内容浏览器的旁边。

在回放选项这里可以看到总帧数，在帧率这里可以查看和选择其他帧率。

回到回放选项这里，修改结束帧，改为300，也就是10秒，修改后时间轴的
范围也相应改变了。

接着来添加相机。首先在视口找到一个合适的机位，然后单击关卡序列这里的摄像机图标，添加一个相机。

在细节面板这里可以调节相机的类型、设置追踪聚焦并选取聚集的对象、调节镜头焦距，等等。

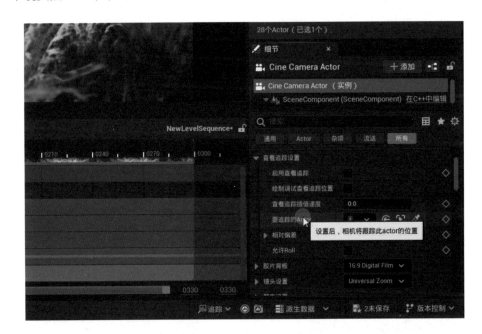

然后回到时间轴这里，相机轨道的这个蓝色图标亮起代表正在控制这个相机，我们先在第一帧给它的变换属性打上一个关键帧，可以单击自动添加关键帧的图标，然后在最后一帧，控制相机到合适的机位，这时就会自动打上关键帧。

然后单击相机切换轨道的摄像机图标，切换为预览视图，单击播放可查看运镜效果。

接着就是让我们的角色动起来，在大纲列表中找到角色名称，拖到关卡序列中，因为是 MetaHuman 的角色，所以会自带控件。

如果发现 MetaHuman 的脸或者毛发一离远了就消失，就单击编辑蓝图，在组件里找到"LODSync"，单击后在细节面板里将"强制的 LOD"改为 0。

然后再单击"编译"和"保存"即可。

回到关卡序列，我们先把 MetaHuman 的控件都删掉。

然后单击旁边的加号，添加一个"Body"的附件。

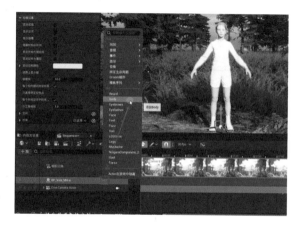

接着单击"Body"旁的加号，添加动画，选择前面重定向好的动画，就会直接应用到角色上。

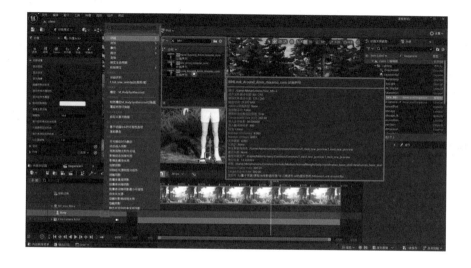

如果觉得动画有问题，可以选择时间轴上的轨道单击鼠标右键，在"属性"这里选择替换为其他动画素材。

当我们有多个动画时，可以将当前的动画剪断，在剪断的位置单击加号，选择其他的动画，然后拖动后一段动画与前一段重叠，这样两段动画就会有一个过渡，不会突然切换。然后再根据镜头调整动作切换的时间点即可。

完成时间线的编辑后就可以渲染导出视频了。这里推荐使用新版的渲染工具，需要到插件中去打开，来到插件面板，搜索"movie"，找到并勾选"Movie Render Queue"，然后重启一下 UE。

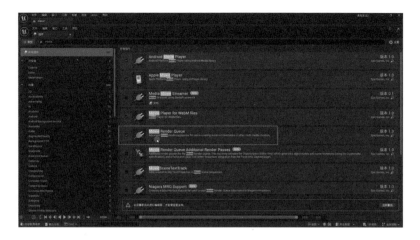

重新打开关卡和序列后，单击关卡序列这里的场记板图标旁边的三个点，就可以看到出现了影片渲染队列，效果会比旧版的更好，选择新版后单击渲染。

在弹出的窗口单击一下这里的"设置"。

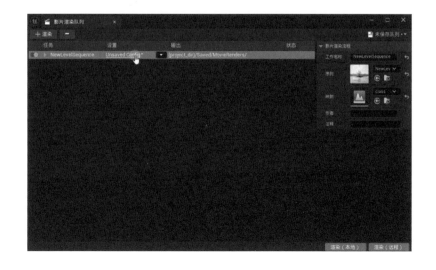

我们将 jpg 序列删掉，选择 png 序列或者 exr 序列。

然后再添加一个"高分辨率"，勾选"覆盖次表面散射"。

接着再添加一个"抗锯齿"，设置"临时采样数"为 32，勾选下面的两个选项，在高级中更改"渲染暖场数"为 128。

最后设置一下导出位置，单击接受，就正式开始渲染了。

最后用 AE 或 PR 合成一下序列，就可以看到导出的视频效果了。

在这个案例中，我们可以看到 MetaHuman Creator 工具可以利用 AI 分析人类面部数据，生成面部特征具有高逼真度的数字人。再到英伟达 Omniverse 平台的 Audio2Face，利用 AI 技术，通过音频驱动 MetaHuman 的嘴型动画并导入虚幻引擎中。

当然，与 AI 的结合也不止于此，还可以使用 TripoAI 和 Rodin 等 AI 在线建模工具，直接生成模型并导入虚幻引擎中，进行骨骼重定向等操作。这样我们可以直接让 AI 生成场景所需的模型进行搭建。

随着技术的不断进步，我们可以期待看到更多创新的 AI 工具和更深度的集成。未来，可能会出现更智能的 AI 助手，能够理解创作者的意图，主动提供创意建议和技术支持。

AI 电影的未来与挑战

AI电影创作的未来趋势

在人工智能浪潮的推动下，可以预见的是电影行业正迎来一场前所未有的革命，电影创作的传统模式正在经历深刻的变革。人工智能（AI）正逐步成为这一领域的重要推动力，从剧本创作到影片制作，每一个环节都在被重新定义和优化。AI不仅提高了电影制作的效率和精度，还为创作者提供了全新的工具和灵感来源。在这个不断演变的数字时代，了解和把握AI电影创作的未来趋势，已经成为每一个电影从业者和爱好者的必修课。

»10.1.1« 智能剧本创作

AI在剧本创作中的应用是未来电影创作的重要趋势之一。通过自然语言处理和机器学习，AI能够分析和理解大量剧本，掌握其结构、情节发展和对话风格。利用这些知识，AI可以生成新的剧本初稿，这不仅提高了剧本创作的效率，还为编剧们提供了更多创意的可能性，编剧可以利用AI生成的剧本初稿进行修改和完善。AI还能通过数据分析提供情节建议、角色设定以及剧情推进的多种可能性，使剧本创作过程更加高效和丰富。

»10.1.2« 电影的一键生成

AI技术的进步使得电影制作流程可以实现自动化。从剧本创作、场景设计、角色建模到特效制作和影片剪辑等环节都可以由AI完成。通过一键生成技术，制片人只需输入基本的剧情设定和角色要求，AI就能自动生成一部完整的电影。这极大地降低了电影制作成本，减少了对大规模制作团队和昂贵设备的需求，同时大幅提高了制作效率，使得更多普通人也能创作自己的电影。

»10.1.3« AI生成和程序控制的结合

未来的电影创作将更加注重生成式 AI 与虚幻引擎等传统工具的结合，充分发挥两者的优势。生成式 AI 具有强大的创造力，能够生成大量富有想象力的内容，从背景场景到临时角色，都可以由 AI 快速生成，使电影制作更具灵活性和创意性。然而，对于那些需要保持稳定性的内容，例如主角人物、固定道具或长期场景等重要元素，则需要进行有序控制和长期维护。在这种创作模式中，生成式 AI 负责大规模内容的生成，提供丰富的创意素材，而虚幻引擎则帮助人类对关键元素进行轨迹操控和细节调整，确保这些重要元素在影片中的表现稳定且一致。

»10.1.4« 在游戏化中创作AI电影

游戏化电影是一种新兴的电影创作模式，它将电影创作带入已有的游戏世界中，利用游戏中的场景、人物和道具进行电影制作。这种模式充分利用了游戏中已经建立的丰富环境和资源，同时借助 AI 生成技术，进一步拓展创作的可能性。未来的游戏不仅包含官方提供的丰富场景和道具，还允许创作者通过 AI 生成各类新角色和场景。这种灵活性使创作者能够在一个稳定且具体的游戏世界中，加入更多的创意元素，生成独特的 AI 电影。

»10.1.5« 互动式创作分布式电影

由于 AI 技术的进步，创造多结局的电影成为可能。AI 能够处理大量的观众选择和反馈数据，生成丰富多样的情节走向和结局，使每个观众都能按照自己的意愿体验故事的发展。这种灵活性和多样性不仅增强了观众的参与感，还使电影创作更加开放和民主化。互动式电影的另一大优势在于其分布式创作模式，观众不再只是被动的接受者，而是积极的参与者和共同创作者。每个人都可以利用 AI 技术，根据自己的创意和想法创造新的情节和结局。这种分布式创作模式使得电影内容更加多样化和个性化，充分发挥了集体智慧的力量。

»10.1.6« 合作完成中心化电影

AI 技术使得全球创意团队能够在线上协作，打破地理和时间的限制，共同完成电影创作。合作式完成模式不仅依赖于 AI 技术的协同支持，还强调一个强大的主线内容作为创作的核心。这个主线内容由创意团队共同确定，而后全球的创作者可以参与进来，为这条主线添加各种素材和细节。由于 AI 技术的平权性，每个人都拥有平等的创作能力和工具，可以贡献自己的创意和技能，丰富影片的内容。这些素材和创意经过中心节点的审核和评估，或者通过团队成员的投票决策，确保每一个细节都符合整体的创作方向和质量标准。最终，通过集体智慧的汇聚，完成一部高质量的电影作品。

»10.1.7« 虚拟演员与数字角色

通过 AI 和计算机图形学技术，可以创建高度逼真的虚拟演员，这些角色不仅在外观上与真人无异，还具备复杂的情感表达能力和自然的肢体动作。例如，电影制作团队可以创建一个高度逼真的虚拟角色柏拉图。作为一个哲学家，他不仅在外貌上与历史描述相符，还能通过 AI 赋予的情感和逻辑，进行深刻的哲学对话。这不仅能让观众更直观地理解柏拉图的哲学思想，还能通过互动的方式，让观众参与到哲学讨论中，增强影片的教育和娱乐价值。类似的，庄子这一虚拟角色可以在一部关于中国古代思想和文化的影片中展现。AI 技术可以在影片中以一种生动有趣的方式，向观众展示庄子思想与中国古代的文化精髓。AI 和计算机图形学技术赋予这些虚拟演员无限的可能性，使其能够在电影中扮演任何角色，从历史伟人到未来的虚构人物。

»10.1.8« 人作为最终的控制者

尽管 AI 在电影创作中扮演重要角色，人类的指导和干预仍然不可或缺。导演和编剧需要对 AI 生成的内容进行审查和优化，确保其符合艺术标准和情感表达，同时避免技术带来的单一化和机械化问题。除此之外，AI 生成的内容还需由人类进行伦理道德审查、文化敏感性与多样性的把控，以确保电影作品符合社会规范和文化价值，避免可能的文化偏见。这个时候对人的要求其实更高，人的审美能力、情节掌控能力要足够好，跨领域的知识储备要足够丰富，要具有"统帅"一般的思维。

在电影创作中，保持人类创造力与 AI 算力的平衡至关重要。虽然 AI 可以提供强大的技术支持和数据处理能力，但人类独特的艺术眼光和创意表达仍然最为重要。两者的结合可以产生出既具创新性又富有人性的作品。

总的来说，未来的 AI 电影创作公式可以概括为：

人的创造力 + AI 算力 = 最强电影

虽然算力足够强时，反复生成有可能让猴子导演出一部《黑客帝国》，但在实际情况下，算力是有限的，因此人的创造力就显得尤为重要。同样，即使拥有卓越的创造力，如果没有强大的算力支持，电影制作的效率和规模都会受到限制，只有两者相平衡才能创造出最优秀的电影作品。

⑩.2 AI电影的技术挑战与伦理问题

AI 的引入为电影创作开启了全新的篇章，伴随这一创新浪潮而来的，不仅是前所未有的视觉震撼与故事可能，还有深刻的技术挑战与复杂的伦理问题。高质量数据的需求、计算资源的巨大消耗，以及技术复杂性，都是电影制作人亟须克服的难题。同时，数字复活已故演员、虚拟演员的崛起、版权归属的争议以及深度伪造的隐忧等，也在不断挑战着我们对艺术创作和道德规范的理解。面对这些问题，我们不仅要在技术上不断突破，更需要在伦理上寻求平衡，为电影的未来开辟一条既创新又负责任的道路。在这条道路上，电影不再仅仅是讲述故事的媒介，更成为我们探索科技与人性边界的桥梁。

»10.2.1« 技术上的挑战

1. 技术更新与适应

AI 技术的发展日新月异，电影制作人需要随时掌握最新的技术，以及多种 AI 技术的组合玩法。因此，拥有非常强的学习能力和技术敏感性是很有必要的。创作者必须不断学习和适应新技术，以确保在技术快速迭代的环境中保持创作的连贯性和稳定性。

2. 计算资源和成本

深度学习和实时渲染需要大量计算资源，这可能导致高昂的硬件和电力成本，特别是在处理复杂场景和高分辨率输出时，计算需求剧增。小型工作室和独立制片人可能无法承受这些高成本，这会导致技术的广泛应用和思想放飞受限。

3. 高质量数据的要求

AI 模型需要大量高质量的数据进行训练，特别是涉及生成高质量视觉效果和动画时，数据需求量极大。收集和标注这些数据过程烦琐且昂贵，需要专业人员的参与和大量时间。小型制作公司可能难以负担高成本的数据收集和处理任务，导致这些技术更多地集中在大型电影制作公司手中。如果要形成自己的电影风格，需要更多同类风格的数据来进行训练，但获取这些数据也存在一定困难。

4. 技术与审美的结合

尽管 AI 可以生成高质量的视觉效果，但如何将这些效果与导演的艺术视野和电影的审美需求相匹配，是一个巨大挑战。AI 生成的内容可能在技术上完美无瑕，但如果缺乏艺术性和情感共鸣，最终的作品将难以打动观众。创作者需要在技术实现和艺术表达之间找到平衡，确保电影不仅具有视觉冲击力，还能传达深刻的情感和思想。

5. AI 技术与传统技术的结合

AI 技术与传统电影制作技术的结合是一个重要挑战，传统电影制作包括导演、编剧、摄影、剪辑等多个环节，而 AI 的引入需要重新定义和调整这些环节之间的关系。如何在不损害传统电影艺术的前提下，充分发挥 AI 的技术优势，是一个需要深入探索的问题。具体来说，AI 可以辅助剧本创作、视觉效果生成和后期制作，但这些技术必须与人类创作者的艺术判断和实践经验相结合，才能实现最佳效果。要实现虚拟制作和实时渲染，需要我们对动画、3D 建模、游戏引擎和动态捕捉技术等有深刻理解。这些领域本身就很复杂，需要综合多学科知识，学习曲线陡峭，学习成本也较为高昂，团队需要投入大量时间进行培训才能熟练掌握，这增加了项目启动的难度和时间成本。

6. 短期内的技术限制

虽然 AI 在电影制作中的应用前景广阔，但短期内仍存在一些技术限制，使其更适合用于微电影和预告片，而不是大制作的电影长片。当前的 AI 技术在生成高质量、长时间的视频内容时，仍面临许多挑战。大制作电影通常需要高精度的视觉特效和细节处理，AI 在细节处理和特效制作上不如传统技术精细。生成高质量的长片电影需要极大的计算资源和时间投入，当前的 AI 模型在处理大规模数据和长时间渲染时，面临计算效率和能耗的瓶颈。

»10.2.2« 伦理问题

1. 数字复活已故演员

使用 AI 技术复活已故演员的形象和声音，虽然能够致敬经典角色，但也引发了隐私和授权问题。未经家属或遗产管理人的同意，使用已故演员的形象可能被视为对其隐私的侵犯。这不仅可能导致法律纠纷，还可能引发公众对 AI 电影制作伦理道德方面的质疑。家属和遗产管理人可能不同意已故演员的形象被用于新的电影项目，尤其是在这些项目与已故演员的生前意愿或形象不符的情况下。

2. 创造虚拟演员

虚拟演员可能会取代真人演员，对真人演员的职业产生威胁，甚至会为其带来失业风险。特别是在低成本制作中，制作公司可能更倾向于使用虚拟演员。这可能引发行业内的矛盾和抗议，影响劳动市场的稳定。2023 年，好莱坞发生了一场引人注目的编剧和演员联合罢工事件，持续了 148 天，演员罢工的原因在于担心 AI 技术在影视制作中的使用会取代真人演员的表演，因为其低廉的成本比雇用真人演员更加具有竞争力。

3. 内容生成的版权问题

AI 生成的内容在版权归属和使用权上存在争议，特别是当生成的内容与已有作品相似时，可能引发版权纠纷。例如，使用 GPT-4 等 AI 工具生成的新闻文章、博客和书籍，这些文本的版权归属是归 OpenAI 这样的模型提供者，还是生成文本的用户，这些内容的版权归属尚未明确。随着 AI 技术的发展，法律法规需要相应调整，以明确 AI 生成内容的版权归属，保护创作者和版权持有者的权益。

4. 深度伪造与虚假信息

AI 技术可以生成高度逼真的深度伪造视频，这些视频可能被用于传播虚假信息和欺诈，影响社会信任和公共安全。公众也可能对视频内容的真实性产生怀疑，削弱媒体和信息的可信度。2019 年，一段伪造的视频发布在 Facebook 上，视频内容是创始人马克·扎克伯格声称他控制了数十亿用户的私人数据。尽管这段视频是由艺术家和技术专家团队使用 AI 技术伪造的，目的是用于展示深度伪造技术的潜在风险，但如果技术滥用生成虚假信息，可能对现实造成巨大的冲击。

5. 公平性和偏见

AI 模型可能包含数据偏见，导致在电影制作过程中体现出性别、种族等方面的不公平。这些偏见可能源于训练数据的不平衡或算法设计中的隐性偏见。AI 生成的内容如果反映出性别歧视、种族偏见或其他形式的不公正，可能导致公众对 AI 技术的信任度下降，损害特定群体的利益和形象，甚至加剧社会矛盾。

6. 数据隐私与安全

在 AI 电影制作过程中，涉及观众的行为、偏好和反馈等个人信息的收集和使用，确保这些数据的隐私和安全，防止数据泄露和滥用，是一个重要的伦理问题。如果观众的数据被不当使用或泄露，可能导致隐私被侵犯和个人信息的滥用，进而引发法律和社会问题。因此，制定严格的数据保护措施和隐私政策，确保观众数据的安全和合法使用，是非常必要的。

7. 结语

尽管 AI 为电影创作带来了前所未有的机遇，但也随之产生了复杂的技术挑战与伦理问题。展望未来，唯有通过技术创新、政策制定和公众教育，我们才能在推动电影行业发展的同时，确保技术应用的公正与可持续性，为观众和创作者筑起一条充满希望与责任感的桥梁。

 ## 10.3 AI电影的商业前景

随着人工智能技术的迅猛发展，AI 电影正逐渐从科幻设想变为现实。AI 在电影制作中的应用，不仅为创作者提供了新的工具和方法，还为电影产业带来了巨大的商业潜力。以下是 AI 电影在商业前景方面的具体应用和盈利潜力。

1. AI 赋能影视内容创新

AI 技术正在深刻改变影视内容创作的方方面面，为创作者提供了前所未有的创新工具和可能性。这种变革不仅提高了内容生产的效率，还开启了全新的创意表达方式，使得内容创作更加灵活多样，能够更快速地响应市场需求和观众喜好。

（1）预告片创作

在预告片创作领域，传统的预告片制作通常需要在完整影片制作完成后进行，需要较长时间。而借助 AI 电影的流程，创作者现在可以轻松地将小说或创意故事直接转化为预告片。这一过程不仅大大缩短了制作时间，还能帮助创作者更直观地展示他们的创意构想。

（2）AI 短视频创作

在短视频创作方面，AI 电影的流程和技术完美适用于短视频内容创作，使得创作形式更加多样化，创作速度和更新频率大幅提升。这不仅满足了社交媒体时代用户对新鲜内容的渴求，也为创作者提供了更多商业化的机会。

（3）AI 复活明星

AI 换脸技术的多样性为内容创作带来了无限可能。换脸技术可以让一个演员饰演多个角色，或将已故明星"复活"参与新作品，创造独特的观影体验。短视频创作者则可以利用换脸技术，将自己变成各种名人或角色，制作有趣的模仿视频或恶搞内容，吸引更多关注。

2. 流媒体平台合作

AI 影视内容与流媒体平台的商业化合作将开启一个全新的数字娱乐时代，凭借 AI 技术的独特优势，也将重塑整个视频内容产业的生态系统。

（1）内容定制

AI 电影的高效率和低成本为流媒体平台提供了前所未有的优势。平台可以用更优惠的价格获取大量内容，快速充实自己的内容库，根据用户数据和市场趋势，向 AI 电影公司下达具体的内容需求，实现更精准的内容定制。

（2）联合出品

AI 电影制作方与平台共同通过共同投资制作 AI 电影，平台可以更深入地参与创作过程，确保内容质量和平台调性的匹配。由于 AI 电影制作成本较低，平台的投资风险也相应降低，可以尝试更多创新性的内容。

3. 广告与市场营销

（1）定制化广告制作

AI 可以根据客户需求快速生成定制化的广告内容，降低制作成本并提高广告效果。广告公司可以通过销售这些定制化服务获取收入。

（2）品牌内容和植入广告

AI 生成的电影和短片可以与品牌合作，进行内容植入和品牌宣传。这种合作可以通过广告费用和合作协议获取收入。

4. 教育与培训

AI 生成的教育电影和培训视频可以用于学校教育，AI 生成的虚拟角色可以用于模拟培训和演示，帮助学生更好地理解和掌握知识，特别是将那些古老人物或者科学家复活，形成一种全新的教育模式。

5. 全球市场扩展

AI可以自动翻译和本地化电影内容，使其适应不同国家和地区的市场需求。

尽管AI电影的商业化合作面临诸多挑战，但它无疑预示着一种视频内容产业的未来发展方向。随着技术的不断进步和商业模式的逐步成熟，这种合作有望催生出一个更加智能、高效、个性化的数字娱乐生态系统，为整个行业带来革命性的变革和商业机遇。

AI电影：技术平权与人的解放

AI正赋予电影创作者们新的工具和方法，重新定义了电影艺术的边界。未来每一部电影都可能成为一场独特的心灵旅程。在这个充满无限想象空间的新时代，AI电影将以何种形式继续突破想象的极限，带领我们进入下一个视觉和情感的巅峰，值得我们共同期待和探索。

在人类与AI的合作过程中，更大的挑战在于创作者如何把控视频整体的协调性和审美素养。技术专家和艺术家的界限变得模糊，甚至逐渐交融。每个画面的制作都可以通过人类创意设计的提示词来生成理想的视角画面、赋予人物独特的声音，最终实现电影艺术的创新与突破。每个人都可以通过AI，为自己的电影王国带来无限想象的疆土。

电影本来是人类创造力的结晶，是想象力的极致释放，处于精神文明的金字塔尖。然而，传统电影制作需要大量技术辅助和支撑，使得许多天才因缺乏资源而无法实现他们的构想。今天，情况已完全不同。如果你是天才，AI技术可以让你专注于创意本身，无须再为技术和资源的限制而困扰。所以，AI对于电影行业来说，带来的是技术平权与人的解放。

1. 资源壁垒的消除

在传统电影制作中，技术和资源是两个最大的壁垒。高昂的设备成本、复杂的制作流程、庞大的制作团队，这些都让许多富有天赋的创作者望而却步。很多天才创意被埋没，因为他们没有足够的资金和技术支持来实现自己的梦想。AI带来的技术平权赋予了更多人创造电影的能力，无论是独立制片人、小型工作室，甚至是普通观众，都可以利用 AI 工具制作高质量的电影。使得电影创作不再是少数人的特权，而是每个人都可以参与和创造的艺术形式。

2. 创意自由的释放

AI 技术让创作者可以将更多的精力放在内容本身上。AI 可以自动化处理许多烦琐的技术细节，如场景生成、特效制作和角色动画，使得创作者能够更加专注于故事的创作和表达。以生成剧本为例，AI 能从庞大的数据中提取灵感，创造出前所未有的情节和角色。像 *Sunspring* 这样的短片，剧本完全由 AI 生成，展示了其突破性创意。AI 能构思出复杂的情节转折和独特的角色背景，使电影故事更加丰富多彩。此外，*Zone Out* 这部电影的剧本和部分场景设计也由 AI 生成，展示了 AI 在不同风格和类型的电影创作中的广泛应用。

3. 想象力的无限延展

AI 技术让创作者的想象力得到了彻底释放。过去受限于技术和成本而无法实现的构想，现在可以通过 AI 技术轻松实现。每一个创意、每一个奇思妙想，都可以通过 AI 技术呈现在银幕上，带给观众前所未有的视觉和情感体验。无论是科幻的未来世界，还是神秘的奇幻国度，AI 都能根据创作者的需求，生成逼真的场景和角色，打造出令人惊叹的视觉效果。

4. 未来的无限可能

AI 电影将带领我们进入一个充满无限可能的新时代，让想象力飞得更高、更远。随着 AI 技术的不断进步，电影创作的边界将被不断拓展。创作者们可以自由地探索各种新的艺术形式和表达方式，挑战传统电影的叙事结构和视觉风格。未来的电影将不仅仅是视觉和听觉的享受，更是多维度的沉浸式体验，让观众在互动中感受故事的魅力。

AI 技术的到来，为电影创作带来了前所未有的机遇和挑战。在技术平权和人的解放双重驱动下，AI 电影提升了创作效率和视觉效果，还彻底释放了创作者的想象力。

AI 技术的发展，对电影行业来说就是一场全新的革命。

只要你愿意学习，你也可以成为 AI 时代的导演。

附录

1. 电影制作的资源与工具

　　在互联网中有非常多的对电影制作有帮助的资源，我们可以在各种网站里面获得免费的或者收费的素材、音乐、图像、教程和社区支持，进而提高推进项目实施的效率和质量，更加顺畅地完成电影制作。

AI 电影制作的工具

类别	工具名称
AI写作工具	ChatGPT、Claude、必应、文心一言、通义千问、Kimi、FridayAI写作助手、Copy.ai、Grammarly、HyperWrite、讯飞智作、秘塔写作猫、Moonbeam、Notion AI、NovelAI、Outwrite、Peppertype.ai、Tome、Writer、wordtune、Final Draft、Celtx、WriterDuet
AI绘图工具	Midjourney、DALL·E、Stable Diffusion、Adobe Firefly、文心一格、即梦、Bing Image Creator、通义万相、可图 KOLORS、LiblibAI·哩布哩布AI、吐司AI、海艺AI、奇域AI
AI角色设计和动画工具	Character Creator、Adobe Character Animator、Reallusion iClone
AI音频软件	Suno、ElevenLabs、Stable Audio、Adobe Podcast、TME Studio、TextToSpeech、LOVO AI、魔音工坊、讯飞智作、Fryderyk、OptimizerAl、Deepgram、IBM Watson、Audiobox、FakeYou、BGM猫、Resemble.ai
AI视频软件	Sora、万兴播爆、Dream Machine、Stable Video、白日梦、Runway、Pika、Vidu、Viggle、可灵、YoYo、HeyGen、Hedra、巨日禄、D-ID、寻光、Vozo、Vizard、Noisee AI、腾讯智影
剪辑与后期制作软件	剪映、Adobe Premiere Pro、Final Cut Pro、DaVinci Resolve
特效与动画工具	Adobe After Effects、Blender
音频编辑与处理工具	Adobe Audition、Pro Tools
项目管理与协作工具	Trello、Asana
视觉特效与3D建模工具	Nuke、Cinema 4D、Blender

AI 电影制作的网络资源

类别	工具名称
编剧与脚本	Simply Scripts、Celtx
音乐与音效	Epidemic Sound、Free Music Archive
视频素材	Pexels Video、Videvo
图像与图形	Unsplash、Canva、站酷
学习与教程	No Film School、Film Riot、Bilibili
社区与论坛	Reddit（r/Filmmakers）、Creative COW、豆瓣小组

2. AI工具创作的电影

我们精选了三部由 AI 工具创作的 AI 电影，这三部影片从脚本生成到视觉特效，都体现了 AI 在艺术创作中的独特优势。希望通过观看这些视频，能够帮助大家更好地理解并探索 AI 电影的创作方式，汲取经验并应用到自己的学习与实践中。扫描下方二维码，即可观看。

（《2140·图灵梦境》）　（《2140·丝绸之路》）　（《2140·碳硅圣杯》）